LIBERTY FABRICS印花布
ARCHIVE ALLSORTS

以標籤圖案印花布來創作吧！

No.01

ITEM｜縫紉收納冊
作　法｜P.69

如迷你書本般，手掌大小的車針專用縫紉收納冊。翻開就會出現2mm厚不織布製作的口袋內頁。有了它，就能將車針依粗細（號碼）分類收納囉！

No.02

ITEM｜工具收納小肩包
作　法｜P.70

想作包款調查的超人氣提名！可將縫紉工具集中攜帶的專用斜背包，雖然採無拉鍊式的簡易縫製，有口袋就足夠方便。

No.03　　ITEM｜縫紉機用針插
　　　　作　法｜P.71

可套在縫紉機本體上使用的針插。有收納小剪刀的口袋及固定強力夾的布片，能幫助車縫作業更加流暢。

No.0103表布＝長纖絲光細棉布 by LIBERTY FABRICS（Archive Allsorts・DC31443・B）／株式會社LIBERTY JAPAN

LIBERTY FABRICS
秋色手作

要不要以LIBERTY FABRICS具大人風魅力的圖案印花布
ARCHIVE ALLSORTS，享受製作秋色作品的樂趣呢？

No.05

ITEM｜荷葉邊筆袋
作　法｜P.72

和No.04相同設計的口金變化版。由於袋身稍窄，更加適合作
為筆袋或眼鏡包使用。

表布＝長纖絲光細棉布 by LIBERTY FABRICS（Archive Allsorts・
CD31443・A）
配布＝長纖絲光細棉布 by LIBERTY FABRICS（素色electric・blue／
C6070-EBL）／株式會社LIBERTY JAPAN·
接著襯＝極薄型（AM-W1）／日本vilene株式會社

No.04

ITEM｜荷葉邊拉鍊袋
作　法｜P.72

專為放置眼鏡或護手霜而設計的長形收納包。製作細褶的訣竅
在於均勻抽拉粗針目上線，即可作出漂亮荷葉邊。

表布＝長纖絲光細棉布 by LIBERTY FABRICS（Archive Allsorts・
CD31443・A）
配布＝長纖絲光細棉布 by LIBERTY FABRICS（素色slate・grey／C6070-
SGR）／株式會社LIBERTY JAPAN
接著襯＝極薄型（AM-W1）／日本vilene株式會社

No.04至09・11創作NOTE!

LIBERTY FABRICS的代名詞「長纖絲光細棉布」，魅力在於高密度編織以及光澤感，但是由於較薄，因此重點是依據作品需求加上適合的接著襯或單膠鋪棉。選擇黏著時柔韌不易起皺紋，不易使長纖絲光細棉布縮起的種類最佳！

くぼでらようこ 小姐 _布物作家
@dekobokoubou

No.07

ITEM｜束口提袋
作 法｜P.74

適合日常休閒外出時使用的束口提袋。可收摺起來隨身攜帶，當物品較多時，作為備用提袋非常好用。拉鍊外口袋，也讓使用的方便性更加倍。

表布＝長纖絲光細棉布 by LIBERTY FABRICS（Eri's Party・DC31441・D）
配布＝長纖絲光細棉布 by LIBERTY FABRICS（check・3265100-3）／株式會社LIBERTY JAPAN
單膠鋪棉＝極薄型（AW-W1）／日本vilene株式會社

No.06

ITEM｜蝴蝶結筒形波奇包
作 法｜P.73

使用20cm長拉鍊的筒形波奇包。夾入薄鋪棉確實維持形狀，並在上、下底邊夾入出芽滾邊條，提昇穩定性。

表布＝長纖絲光細棉布 by LIBERTY FABRICS（Floral Chintz・DC31453・B）
配布＝長纖絲光細棉布 by LIBERTY FABRICS（素色navy・lake／C6070-NVL）／株式會社LIBERTY JAPAN
單膠鋪棉＝包包接著鋪棉-薄型（MK-BG80-1P）／日本vilene株式會社

No.08

ITEM｜口金收納盒
作 法｜P.76

使用寬10cm的盒型口金，製作小物收納盒。要作出能夠穩定自立的立體袋型，重點在於接著襯＆單膠鋪棉的選擇。推薦收納首飾或藥物。

表布＝長纖絲光細棉布 by LIBERTY FABRICS（Ikat Neats・DC31445・A）
配布＝長纖絲光細棉布 by LIBERTY FABRICS（素色navy・lake C6070-NVL）
裡布＝長纖絲光細棉布 by LIBERTY FABRICS（素色electric・blue C6070-EBL）
／株式會社LIBERTY JAPAN
口金＝BOX蛙口口金約10cm silver（90806-2）／株式會社MY mama

No.09

ITEM｜平板電腦包
作 法｜P.78

若覺得市售的平板電腦包太沒特色，這種設計包如何呢？在包身夾入單膠鋪棉使其蓬鬆，再縫上牢固的皮革提把。也可依喜好加上市售的肩背帶，當成斜背包使用喔！

表布＝長纖絲光細棉布 by LIBERTY FABRICS（Woven Spots・DC31452・A）／株式會社LIBERTY JAPAN
單膠鋪棉＝包包接著鋪棉-薄型（MK-BG80-1P）・極薄型（AM-W1）／日本vilene株式會社

No.11

ITEM｜水筒形小肩包
作 法｜P.80

在包身夾入單膠鋪棉，作出蓬軟軟
的斜背包。圓底直徑足有15cm，
容量相當充裕。背帶使用市售的皮
質肩背帶。

表布＝長纖絲光細棉布 by LIBERTY
FABRICS（Crochet・DC31446・B）／
株式會社LIBERTY JAPAN
單膠鋪棉＝包包接著鋪棉-薄型（MK-
BG80-1P）・極薄型（AM-W1）／日本
vilene株式會社

No.10

ITEM｜LIBERTY 針織背心
作 法｜P.77

依市售針織背心的前身片裁剪
LIBERTY布料，以手工仔細
地挑縫製作而成。挑選喜歡的
LIBERTY印花布，加工製作專屬
於你的針織背心吧！

表布＝長纖絲光細棉布 by LIBERTY
FABRICS（Sea Garden・DC31439・
C）／株式會社LIBERTY JAPAN

No.10

No.11

No.12

ITEM｜LIBERTY 開襟衫
作　法｜P.77

與No.10使用市售針織背心的作法相同，將開
襟衫改造成LIBERTY FABRICS款式吧！顏
色、花樣、縫合於內側或外側……不同的選擇
與作法都很有樂趣唷！

表布＝長纖絲光細棉布 by LIBERTY FABRICS
（Camberwell Peacock・DC31442・A）／株式會社
LIBERTY JAPAN

No.10・12創作NOTE！

若你也曾動過「縫製個人手作服」的念頭，
不妨試著運用現成的針織衫畫出紙型再加以
改造的方法，以喜愛的LIBERTY印花布作出夢
想中的衣服。根據選色和圖案的搭配，享受
截然不同成果吧！

かたやまゆうこ小姐＿縫紉專家
📷 @katagamisewing

THE ARCHIBIST'S EDIT
アーキビストズ・エディット

由一直守護著LIBERTY設計歷史的傳說級收藏家Anna Buruma所監修的精選款式。
顛覆LIBERTY既有的碎花印象，Anna重現了LIBERTY約150年的歷史當中，
具洗煉、摩登與創造性，讓人難以忘懷的精選款式。

Ikat Neats
融合了保管於檔案庫中的19世紀版型書元
素，描繪出鮮明又摩登的拼布設計。

Eri's Party
以刊登在1920年法國版型書的圖案為基
礎，花與斑點的綜合圖案讓人耳目一新。

Floral Chintz
LIBERTY是從販售亞洲進口印染布的進口
商起家。本款是以印染布作為自家家具
用布的早期設計為基礎。

Archive Allsorts
取材自LIBERTY檔案庫中的某本附布樣書
籍，將其中的小葉片設計與書本標籤作結
合。

Camberwell Peacock
發現了一張用來製作家飾布的水彩畫嚴重
破損，由於希望它能夠也作為服裝布料使
用，而納入本系列重新繪製。

Woven Spots
源自印刷廠的印花書籍上刊登的小小紙
型，由現在的設計團隊重新繪製。

Sea Garden
從1950年代的兩種海中＆海面設計圖案獲
得靈感，再昇華成現代風格。

Crochet
參考19世紀中葉版型書中的小圖案，設
計而成的花紋。雖然是將近200年前的設
計，卻有令人驚訝的時尚感！

Autumn Edition
2021 vol.54

CONTENTS

封面攝影　回里純子
藝術指導　みうらしゅう子

享受吧！愉快的手作之秋！

作品・INDEX

No.27
P.18・輕巧隨身包
作法｜P.88

No.20
P.15・吾妻袋
作法｜P.85

No.11
P.07・水筒形小肩包
作法｜P.80

No.07
P.05・束口提袋
作法｜P.74

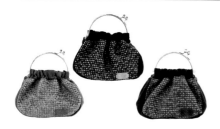

No.31
P.22・手挽口金迷你提袋
作法｜P.92

No.29
P.20・寬版提把托特包
作法｜P.90

No.28
P.19・拼接寬版包
作法｜P.89

No.38
P.35・大容量圓筒包
作法｜P.100

No.36
P.33・胸前包
作法｜P.95

No.35
P.32・方形後背包
作法｜P.96

No.34
P.31・方形手提袋
作法｜P.94

No.33
P.31・單柄提袋
作法｜P.93

No.32
P.31・迷你船形提袋
作法｜P.99

No.06
P.05・蝴蝶結筒形波奇包
作法｜P.73

No.05
P.04・荷葉邊筆袋
作法｜P.72

No.04
P.04・荷葉邊拉鍊袋
作法｜P.72

No.02
P.03・工具收納小肩包
作法｜P.70

No.40
P.36・橫長型托特包
作法｜P.102

No.39
P.36・縱長型托特包
作法｜P.102

No.23
P.16・踏板收納袋
作法｜P.86

No.19
P.15・口金錢包
作法｜P.84

No.17
P.14・口罩收納布盒
作法｜P.83

No.16
P.14・口罩收納包
作法｜P.82

No.09
P.06・平板電腦包
作法｜P.78

No.08
P.06・口金收納盒
作法｜P.76

10

No.37
P.33・化妝箱型工具包
作法｜P.98

No.30
P.21・梯形波奇包
作法｜P.91

No.26
P.17・牛奶糖波奇包
作法｜P.87

No.25
P.17・水果束口袋
作法｜P.75

No.57
P.59・刺繡緞帶波奇包
作法｜P.109

No.49
P.51・大野狼波奇包
作法｜P.105

No.48
P.45・捲收式縫紉包
作法｜P.47

No.43
P.37・口金波奇包
作法｜P.103

No.41
P.37・圓弧底波奇包
作法｜P.104

No.18
P.14・收線套
作法｜P.82

No.15
P.14・口罩套
作法｜P.79

No.14
P.13・屋形針插
作法｜P.81

No.13
P.12・南瓜針插
作法｜P.87

No.03
P.03・縫紉機用針插
作法｜P.71

OTHER

No.01
P.03・縫紉收納冊
作法｜P.69

No.44・45
P.38・米刺變化形（朱色・橄欖色）
作法｜P.38

No.42
P.37・線軸杯墊
作法｜P.101

No.24
P.16・拷克機防塵套
作法｜P.83

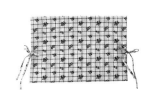

No.22
P.16・縫紉機防塵套
作法｜P.86

No.21
P.16・船形杯墊
作法｜P.17

No.53
P.54・松鼠先生
作法｜P.54

No.52
P.53・木雕熊掛飾
作法｜P.108

No.51
P.51・小紅帽
作法｜P.106

No.50
P.51・蘑菇造型筆套
作法｜P.111

No.46・47
P.41・菊花手鞠
作法｜P.42

No.55
P.58・前後兩穿連身圍裙
作法｜P.112

No.54
P.56・剪接圍裏裙
作法｜P.110

No.12
P.08・LIBERTY開襟衫
作法｜P.77

No.10
P.07・LIBERTY針織背心
作法｜P.77

CLOTHES

No.56
P.58・髮箍
作法｜P.113

軟蓬蓬的手作針插

No.13　ITEM｜南瓜針插　作法｜P.87

由P.58連載單元「方便好用的圍裙＆小物」的縫紉作家加藤容子小姐製作的針插。使用了humongous的木版印染布，作成具秋日風情的南瓜造型。

No.14 ITEM｜屋形針插
作 法｜P.81

由P.52連載單元「創意季節手作」的布小物
作家細尾典子小姐製作的針插。將北歐沿海
成排建造的紅色房屋轉化成了縫紉用小物。

小空檔輕鬆縫！

1至2小時即可完成的秋日手作

集合了從1小時以內到2小時左右可完成的生活雜貨。

短時間就能完成很不錯吧？請你務必也試著在空閒時愉快地縫製！

攝影=回里純子　造型=西森 萌　妝髮=タニジュンコ　模特兒=カロリーニ

No.16　ITEM｜口罩收納包　作法｜P.82

簡單的長方形口罩收納包。掀蓋上的拼接是裝飾亮點。附有2個口袋，也推薦多放一個隨身攜帶的備用口罩。

表布A＝平織布（100341・Wendy Blue）配布＝平織布（130033・Pen Stripe Grey）

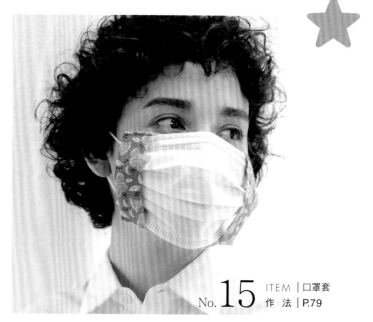

No.15　ITEM｜口罩套　作法｜P.79

想戴不織布口罩又害怕肌膚粗糙？若你有這樣的顧慮，推薦你特製口罩套！不織布口罩加上布製口罩套，戴雙層更安心。

表布＝平織布（100343・Stormy Blue）

No.18　ITEM｜收線套　作法｜P.82

經常打結的3C線材，也可能導致故障發生。若以魔鬼氈式的收線套整理線材，拆裝都不費力。

上・表布＝平織布（100356・Skyler Grey）裡布＝平織布（160007・Chambray Dark Blue）
下・表布＝平織布（100348・Skyler Camel）裡布＝平織布（160007・Chambray Dark Blue）

No.17　ITEM｜口罩收納布盒　作法｜P.83

推薦給不想直接擺出整盒口罩的隱藏式收納。布盒可收存市售尺寸約H9×W21×D11cm的盒裝口罩。

表布＝平織布（100353・Windy Walk Dusty Red）裡布＝平織布（100348・Skyler Camel）

※P.14所有作品，皆使用Tilda布料（Scanjap Incorported有限公司）。

No.19

ITEM｜口金錢包
作法｜P.84

兼具皮革口金與拉鍊的雙開口設計錢包。附有鈔票夾層，拉鍊側也可收納小物與卡片，而且是可輕巧對摺的簡便設計喔！

表布＝平織布by Best Morris（33496-14·Hyacinth）／moda Japan
口金＝皮框口金H6 X W10cm／含珠釦（TAK1-Y）／日本紐釦貿易（株）

No.20

ITEM｜吾妻袋
作法｜P.85

2WAY吾妻袋。將包身打結，當成簡易布包使用，或接上附D型環的皮革提把，變成皮革提把肩背包也不錯。是高自由度的變化包款。

表布＝平織布 by Best of Morris（8217-18／Anemone）／moda Japan

No.22 ITEM｜縫紉機防塵套
作法｜P.86

將方形布料縫上綁繩就OK的簡易縫紉機防塵套。請試著配合自家縫紉機左右長度
與高度，依喜好量身打造。

表布＝平織布（Vintage buddy）／株式會社decollections

No.21 ITEM｜船形杯墊
作法｜P.17

仿船形的立體杯墊。由於只需結合兩片方形布，再如摺紙般摺疊挑縫，即可簡單
完成，初學者也能愉快製作。

右・表布A=平織布（Camomile） 表布B＝BIO WASH半亞麻（05・ash rose）
左・表布A=平織布（Secret garden・flower seed） 表布B＝BIO WASH半亞麻（27・sage）／株
式會社decollections

No.24 ITEM｜拷克機防塵套
作法｜P.83

容易堆積灰塵的拷克機，罩上防塵套就放心啦！以作法簡易＆重視實用性為訴求
而設計的防塵套，口袋也可依自己的需求，收納工具或紙型。

表布A＝平織布（NATURE・leaf）・配布＝平織布（NATURE・stripe）／
株式會社decollections

No.23 ITEM｜踏板收納袋
作法｜P.86

縫紉機踏板雖然普遍都不收納，而是直接擺著，但若仔細收進袋子裡，似乎會因
此更有感情。

表布＝平織布（Tiny Garden・grey）／株式會社decollections

袋型圓潤可愛的牛奶糖波奇包。這種有側身的立體造型加上拉鍊，很容易讓人覺得不好製作，但作法卻出乎意料簡單！拉鍊擋片的設計也很方便使用。

右・表布＝平織布（VB101-RD2M） 左・表布＝平織布（VB103-SD1M）／COTTON＋STEEL

No.25 ITEM｜水果束口袋
作法｜P.75

以秋季果實作為主題的束口包，繩尾飾布則作成葉子狀。是很實用的隨手收納好物，且在空閒時即可迅速完成。

右・表布＝平織布（KA104-FP4） 左・表布＝平織布（KA104-PR2）／COTTON＋STEEL

No.21 船形杯墊的作法

材料：表布A（平織布）15cm×15cm　表布B（亞麻布）15cm×15cm 紙型：無

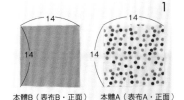

1
裁剪14cm×14cm的本體A・本體B各1片。

本體B（表布B・正面）　本體A（表布A・正面）

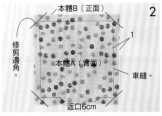

2
將本體A・B正面相疊，預留返口車縫周圍，並斜向修剪角落縫份。

本體B（正面）　本體A（背面）　修剪邊角　車縫。　返口6cm

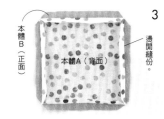

3
燙開縫份。

本體B（正面）　本體A（背面）　燙開縫份。

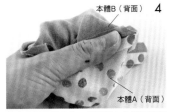

4
將食指伸入返口內，以拇指＆食指捏住邊角翻到正面。其他邊角也以相同方式翻出。

本體B（背面）　本體A（背面）

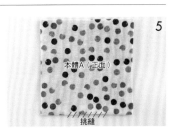

5
以錐子等工具推出邊角，並挑縫返口。

本體A（正面）　挑縫

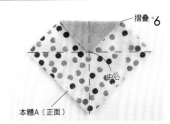

6
作出對角摺線，再將邊角對齊中心，熨燙出摺線。

本體B（正面）　摺疊。　中心　本體A（正面）

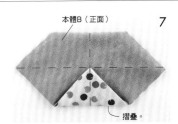

7
本體B側也以步驟6相同作法燙出摺線。

本體B（正面）　摺疊。

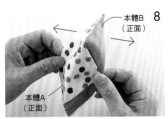

8
分別抓住本體A、B中心，往左右展開。

本體B（正面）　本體A（正面）

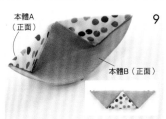

9
重新摺疊使縫線相互對齊，形成船形。

本體A（正面）　本體B（正面）

10
避免露出縫線，挑縫三角形的內側。

挑縫。　本體A（正面）

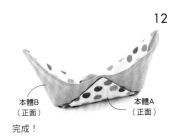

11
另一側的三角形也以相同方式挑縫。

挑縫。　本體B（正面）

12
完成！

本體B（正面）　本體A（正面）

創作家Kurai Miyoha的連載單元「Simple is Best！
簡約就是最好」將陸續提出以Miyoha的視角來看，
可稱得上「這就是最好」的作法、素材及工具。
第6回是以尼龍布製作的「輕巧隨身包」。

Kurai Miyoha

簡約就是最好！

Simple is Best!

No.27 ITEM｜輕巧隨身包
作 法｜P.88

輕盈耐用、能斜背的方便輕巧隨身包，與
斜背包不同，特點是無側身的輕盈設計。
使用降落傘繩的肩背帶，以「雙連結」的
打結方式，可輕鬆地調節長度。

熱轉印LOGO＝BIG PEETAG黑白套組（1333）
（株）MY mama

攝影＝回里純子　造型＝西森 萌　妝髮＝タニジュンコ　模特兒＝カロリーニ

---

profile

Kurai Miyoha

畢業於文化學園大學。在裁縫設計師母
親Kurai Muki的帶領之下，自幼就非常熟
悉裁縫世界。畢業後，作為「KURAI・
MUKI・ATRLIER」的（倉井美由紀工作
室）的工作人員開始活動。貫徹KURAI
MUKI流派「輕鬆縫製，享受時尚」的縫
製精神，並作為母親的好幫手擔任縫紉
教室講師、版型師、創作家，過著忙碌
的生活。
https://shop-kurai-muki.
ocnk.net/
 kurai_muki

Evans knot
雙連結的打法

2
沿著箭頭，將傘繩纏繞在左手食指
上兩圈。

1
將穿過登山釦的降落傘繩兩頭交
叉，左手食指貼在傘繩上。

4
沿箭頭方向拉出，徹底拉緊繩結。

3
抽出食指，將繩端穿入雙圈中。

作法與寬版款相同。藉由改變長寬尺寸，
製作直版的輕巧隨身包也不錯吧！

鎌倉SWANY 的美麗秋色包

以鎌倉SWANY自信推薦的高級進口布，製作質感耀眼的秋季布包如何呢？

No. 28 | ITEM | 拼接寬版包
作 法 | P.89

無論是肩背或手拿都很氣派的寬版拉鍊包。包身使用的刷毛家飾布與真皮提把，融和出優雅的氛圍。

上・表布＝進口布料（IE3603-1）
下・表布＝進口布料（IE3603-2）
／鎌倉SWANY

No. **29**　ITEM｜寬版提把托特包
　　　　　作　法｜P.90

特選如水彩畫的編織布料，製作成有內裡的簡易式無側身托特包。可輕鬆放入手作誌尺寸的雜誌，實用度絕佳。

左・表布＝進口布料（IE3623-2）
中・表布＝進口布料（IE3623-3）
右・表布＝進口布料（IE3623-1）
／鎌倉SWANY

No.30　ITEM｜梯形波奇包
　　　　作法｜P.91

只是擺放在桌上，也會散發出存在感的奢華質感波奇包。6cm的側身不但具穩定性，也大幅提昇收納力。

左・表布＝進口布料（IE3621-1）
右・表布＝進口布料（IE3621-2）／
鎌倉SWANY

No.31　ITEM｜手挽口金迷你提袋
作法｜P.92

使用提把與口金一體成形的「手挽口金」。為了襯托小圓點花紋的細緻刺繡布料，在側身＆口布拼接素色布料。

右‧表布＝進口布料（IE3622-3）
中‧表布＝進口布料（IE3622-2）
左‧表布＝進口布料（IE3622-1）／
鎌倉SWANY

\ 請教我！かたやまゆうこ /
解決拷克的煩惱！

指導老師

かたやまゆうこ小姐

【個人簡介】
文化服裝學院畢業後，曾任職手藝、裁縫雜誌編輯，現於東京池袋裁縫教室「池袋Sewing Studio」和線上裁縫教室「池袋Sewing Seminar」傳授服裝製作技巧。
https://ameblo.jp/katagami-sewing　⊙ @katagamisewing

典藏版！使用拷克機的手作服裁縫特輯

CUT&SEW
大家的針織衫
～更愉快地運用拷克機～（暫譯）

かたやまゆうこ著／Boutique-sha發行

推薦拷克機種

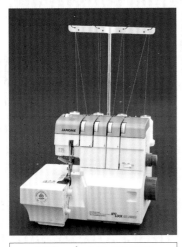

MYLock AIR 2000D
Janome縫衣機株式會社

搭載有可氣動穿線於彎針的「氣動穿線器」。無論是內建穿線器、寬闊平坦的工作平台、還是五段式壓腳調節轉盤等，擁有各種便於車縫的功能。

かたやま小姐 Point

具有穩定性的四角形外觀與洗練的設計，非常帥氣。

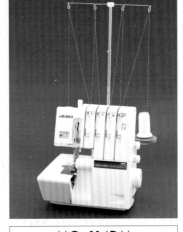

MO-114DM
JUKI株式會社

以工業縫紉機的製作技術製成的靜音設計。機身輕巧且使用簡易的機種。在Youtube上也有許多可觀看的教學影片。

かたやま小姐 Point

無論寬度或深度都很小巧，使用時不佔空間。

HL432df
Brother販賣株式會社

易於車針與彎針穿線的設計。拷克機中唯一具有巧臂功能的機種。經常使用的鑷子等配件可輕巧收納在縫紉機內。

かたやま小姐 Point

布屑收集盒一體成形，尺寸可單手拿取安裝。亦可使用一針二線。

Sakura
株式會社babylock

家用拷克機心得分享No.1。具有按下一個按鍵，就能處理車針與上下彎針穿線的「氣動穿線」功能。還有對初學者很貼心的自動調節線張力功能。

かたやま小姐 Point

氣動方式的穿線機制讓人感動。

Q. 一定需要拷克機嗎？

拷克

Z字車縫

A

觀看作品背面時，布邊以Z字車縫或拷克處理，會給人截然不同的觀感，帶來的自我滿足感也完全不同。若是你已開始想要製作作品送人，或考慮販賣，或許這時就是該購入拷克機的時機。

完成度
截然不同

Q. 猶豫要選三線拷克機還是四線拷克機。

果然還是選四線較好！！

A 經常聽到覺得一針三線拷克機夠用而購買，幾年之後便後悔沒有買二針四線機種的案例。由於近年來是以二針四線為主流，因此一針三線不但選擇少，從小物製作跨入服裝製作的例子也很多，因此建議選擇二針四線機種。由於二針四線（左下）的拷克機亦可進行一針三線拷克（右下），因此也能依用途自由選擇用法。

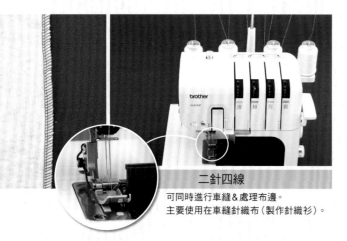

二針四線
可同時進行車縫＆處理布邊。
主要使用在車縫針織布（製作針織衫）。

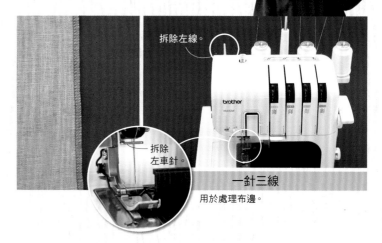

拆除左線。
拆除左車針。

一針三線
用於處理布邊。

Q. 拷克機穿線好像很難……

打結換線就會很簡單喔！

A 我想無論是誰應該都有聽過拷克機很難穿線的傳聞，但真正困難的大約是在30年前左右的機種。近年來的拷克機為了讓穿線更容易，作了不少貼心的設計，且幾乎所有機型都附有詳細的引導。雖然與一般縫紉機相比，穿線要花較多步驟，但只要一條一條依順序穿線並不困難。有不少情況是當車線斷掉時，若只重穿斷掉的那條線，就會無法順利車縫，這時一定要連同車針線（左邊2條）重新穿線，或乾脆全部重穿比較快！

便利穿線的設計

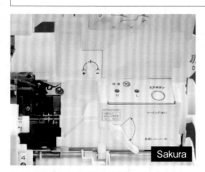

Sakura

也有1顆按鈕就能穿線的機種。

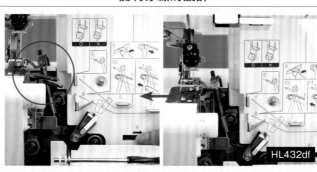

HL432df

藉由拉桿操作，可從難以穿線處輕易拉出線條。

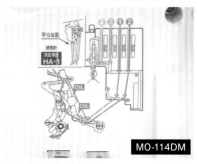

MO-114DM

附有穿線順序引導圖。

打結換線的方法

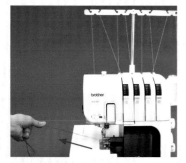

④拉線直到變色為止。
※由於線結有可能卡住針孔，因此需注意不要太用力拉線。

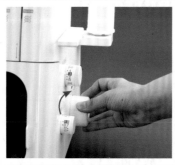

③將手輪往反方向（順時針）轉1至2圈。

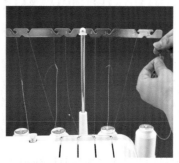

②線軸更換成想要的顏色，將剪斷的線和新線打結。打「接繩結」，線結處通常可通過針孔。

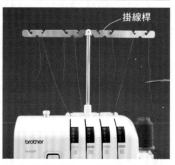

掛線桿

①換線時不要拔線，在掛線桿後方剪斷線條。

Q. 需要準備很多線吧？

一開始準備基本色就夠用了

A 黑、白，還有灰色、深藍色、米色，這些各購買3捲，我想就足以應付大部分情況，之後再從自己經常使用的顏色慢慢買齊即可。當布料正反顏色不同或顏色複雜時，也很建議混合線條顏色使用。哪條線換色更能與布料融合，像這樣不斷從錯誤中尋找答案也很有趣喔！

車針線消耗較慢，因此車針線使用梭子。上下彎針其中一方使用整捲線。

不常使用的顏色，可以只買1捲，捲在梭子上使用。

處理布邊使用#90拷克線。

Q. 調節線張力好像很難⋯⋯

由於有清楚易懂的標示，所以沒問題！

A 「不擅長使用機器！」若你也有這種顧慮，推薦使用具有自動調節線張力功能的拷克機，但就算沒有自動調節線張力功能，也會標示參考值，因此幾乎不太需要作調整。
當縫線狀況極度不佳，有可能是穿線通道某處脫落，因此請先檢查穿線狀態。
為了車縫出漂亮縫線而進行的調整非常細微，但熟悉調整的過程也有箇中樂趣，請一定要嘗試挑戰看看！

正確的線張力

車針線：黃色
上彎針線：藍色
下彎針線：紅色

也有能夠自動調節線張力，無需手動調整的機種。

對齊基準值數字，縫線大致就會很工整。若即使如此，線張力還是不協調，就使用線張力調整桿調整吧！

車針線與上下彎針線的平衡良好，上下彎針線在裁布邊緣交錯的縫線。

線張力調整方式

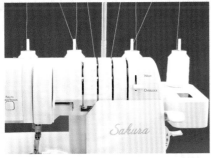

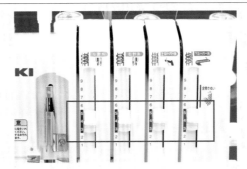

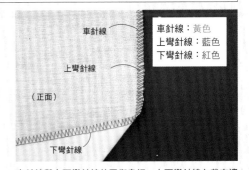

右圖是因為下彎針線（背面線）太緊，所以將下彎針調向數字較小的一方。

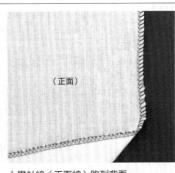

上彎針線（正面線）跑到背面。

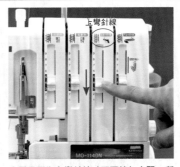

右圖是因為上彎針線（正面線）太緊，所以將上彎針調向數字較小的一方。

下彎針線（背面線）跑到正面。

Q. 速度太快，好可怕！

踏板的踩法
是關鍵。

A 由於拷克機無法調整速度，因此不習慣使用踏板的人，或總是以家用縫紉機慢速模式車縫的人，就有可能會覺得用腳控制速度很困難。但只要將腳放在正確位置踩踏板，就不容易發生踩過頭的狀況。
以這種狀態進行練習，很快便能以習慣的速度平穩地車縫。

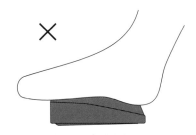

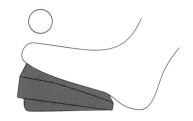

若腳跟離地，整個腳板踩在踏板上，速度就容易過快。

腳跟碰地，以腳掌前端踩壓踏板。慢慢地踩踏，調整速度。

 Q. 因害怕切刀而不敢使用。

切刀的
正確放法

A 雖然切刀可鎖住，但很常見到因習慣了鎖住切刀車縫，而一直無法克服恐懼的案例。緊盯著使切刀貼合布邊進行車縫，不但不會害怕，反而能夠暢快地漂亮車縫，因此請一定要試著練習不鎖住切刀！唯一害怕的反而是切刀切到不該切的地方，但只要確認下方沒有夾入多餘布料，同時不要著急地車縫就沒問題。

鎖住切刀的方式　※作法因機種而異。	切刀正確的放法

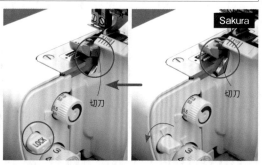

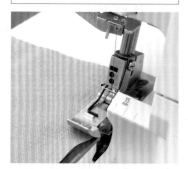

拉動拉桿旋轉，即可收起切刀。

旋轉鎖定旋扭，即可隱藏切刀。

將切刀貼在布邊，取裁切約1條線的程度進行拷克。

 Q. 車縫曲線時會不小心切到其他地方，無法順利進行。

A 要記得需依曲線形狀改變布料放置方式。若以下述方式無法順利轉彎時，就先車縫1至2cm後抬起壓腳再稍微轉動布料，這也是一種作法。因為會依素材改變車縫難度，因此建議使用與作品相同的布料作練習。

內曲線的車縫方式	外曲線的車縫方式

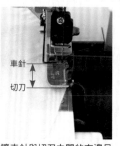

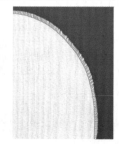

拉平布料使曲線呈一直線。

若直接車縫曲線，就會裁切到縫份。

讓車針與切刀之間的布邊呈一直線。

使用左手轉動布料。

Q. 請教我回針的方式。

無法回針

A 拷克機不回針,採預留3至4cm的線鏈(沒有車縫於布料上,騰空產生的針目),以防線頭綻線。起縫或終縫若無需進入下一段車縫時,就剪斷線鏈。通常不收線頭,僅在擔心脫線時會收線。

收線方法

④收線完成。

③將線頭穿過綴縫針,再穿入背面側縫線中。

②在接近縫線位置打結。

①剪斷並保留約10cm線鏈,接著打結。

筒狀車縫方式(在布料中間起縫,布料中間終縫的作法)

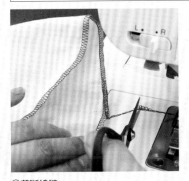

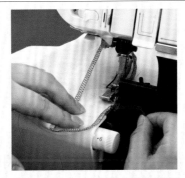

④剪斷線鏈。

③重疊車縫並避免切到一開始的縫線,再一邊往左側送布一邊車縫。

②車縫一圈之後,一邊抓住起縫的線鏈切線,一邊進行車縫。

①將布邊置入壓腳下方,開始車縫。

Q. 車錯好像很麻煩……

能簡單地拆線喔!

A 若以剪斷縫線的作法拆線,就會產生很多線頭而無法流暢地拆除,下述作法能夠不產生小線頭迅速拆線。掌握拆線方式,就不再害怕拷克機車縫錯誤,因此請一定要學會!

拆線方式

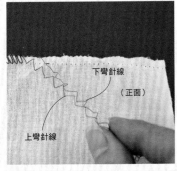

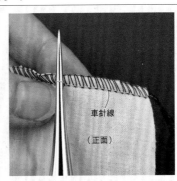

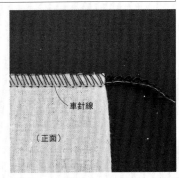

③拔出車針線之後,即可簡單地拆除上彎針&下彎針線。

②抽出車針線。

①以錐子拉出車針線。

拔除正面的車針線(黃線)。
※車縫時,朝上的是正面縫線。

本書為日本人氣刺繡手作家 ── 樋口愉美子
以動物為收錄主題出版的刺繡圖案集。
從貓、狗等日常寵物，到牧場、動物園的人氣動物等，
還加入了森林、草原動物、擁有可愛造型的動物、
討喜又可愛的圖案，借由刺繡的魔力，
在樋口老師的作品中，以栩栩如生的姿態，
訴說著各自的故事及姿態，有別於花草圖案的恬靜，
各式各樣的動物圖案，讓手作變得更有生命力，
牠們也是作為吉祥物贈禮的最佳代表喲！

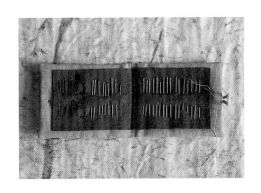

自由運用書中收錄的圖案，即可完成簡易的布作及雜貨小物，舉凡隨身攜帶的便利包、刺繡卡片、
束口袋、工具收納小包等，亦可使用繡框就能快速完成充滿個人魅力的裝飾小框物，作為極具個性
的居家擺飾。
本書收錄基礎繡法、縫法，以及基本材料、工具的介紹及使用方法，即使是初學新手，也可輕鬆上
手實作，選擇喜愛的動物，打造自我風格的刺繡手作，一同進入樋口愉美子老師以動物主題創作的
可愛世界吧！

**樋口愉美子的
動物刺繡圖案集**
樋口愉美子◎著
平裝 96 頁／20cm×21cm
彩色＋單色
定價 380 元

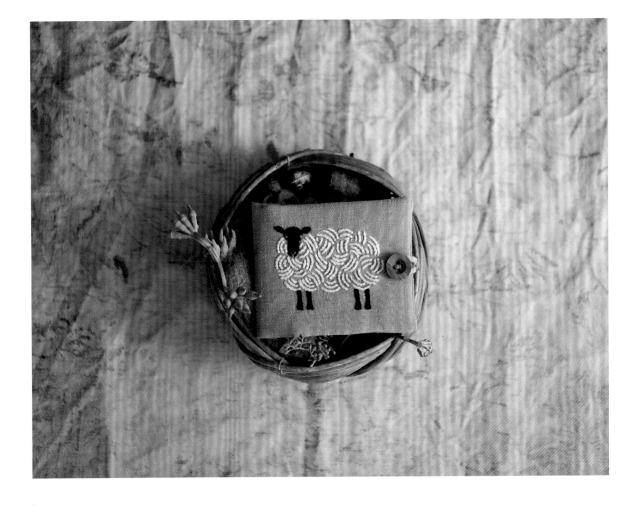

穿起來高級感十足的可愛女孩裝！

精選 34 款小女孩的手作服裝與配件，
包含連身裙、上衣、褲子、裙子、包包、髮飾等……
簡單設計＆雅緻細節，在配色與用料上也不馬虎，
這是擁有設計師品牌的母親，
為了自己的孩子所設計的手作服。
以經典的設計線條，加上一些巧思。
不管是現在穿，還是傳承給下一代的孩子們，
都是不會被流行所左右的款式。
媲美手工訂製服的作工，再加上細節的搭配與裝飾，
讓孩子一穿上，就能讓人驚呼…「好可愛喔！」

小女兒的設計師訂製服
媽媽親手作的34款可愛女孩兒全身穿搭

片貝夕起◎著

平裝 104 頁／21cm×26cm
彩色＋單色／定價 520 元

疊緣手作

當前大受歡迎的手藝素材「疊緣」，推出了具有SDGs（永續開發目標）意識的新設計！試著用來裝飾手作品也很不錯吧？

攝影＝回里純子　造型＝西森 萌　作品製作＝mameco・キムラマミ小姐

作為手藝素材大受矚目！
包覆塌塌米邊緣
的帶狀素材
「疊緣」

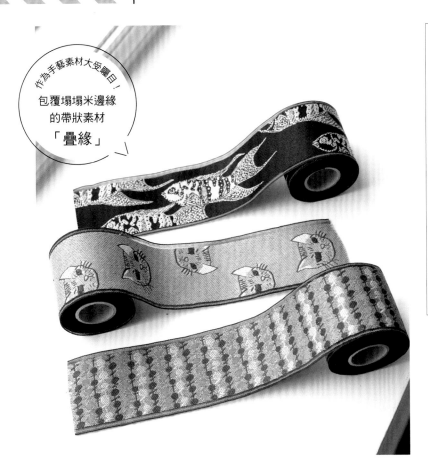

Kojima beri JAPAN

以*DESIGN GOALs*疊緣為首，
世界最齊全的疊緣就在這裡！

疊緣網路專門店
https://flat-shop.net

FLAT 兒島本店
岡山縣倉敷市兒島唐琴2-2-53
營業時間：am.10:00至pm.15:00
公休日：週日・國定假日
（週六不定期營業，公司營業日會開店。）

DESIGN GOALs疊緣

由殘疾創作者、設計師與企業，組隊製作商品的DESIGN GOALs企劃。日本少數的疊緣公司FLAT（高田織物株式會社）也參與本企劃，以所在地岡山的三名創作者的畫作為基礎，經自家工廠織布機，由老練師父精心製作的疊緣。

No.**34** ITEM｜方形手提袋
作 法｜P.94

作成拉鍊包提把的是藍眼貓疊緣。表情冷靜的貓咪君，搭配上當成亮點的小小紅色領巾非常適合！

疊緣＝疊緣～DESIGN GOALs（藍眼貓 by Masaya Oka）／FLAT（高田織物株式會社）

No.**33** ITEM｜單柄提袋
作 法｜P.93

重疊兩片幾何學花朵圖案的疊緣，作成提把。寬17cm的圓底托特包可放置手機或錢包，當成布籃作為居家佈置也很美。

疊緣＝疊緣～DESIGN GOALs（花 by Sayuri Ochi）／FLAT（高田織物株式會社）

No.**32** ITEM｜迷你船形提袋
作 法｜P.99

將優雅搖曳暢游的蓋斑鬥魚疊緣，接縫於包口的皮革提把船形包。由於側身較為寬廣，短暫外出或溜狗時都OK。

疊緣＝疊緣～DESIGN GOALs（蓋斑鬥魚 by daiki）／FLAT（高田織物株式會社）

攝影＝回里純子　造型＝西森萌　妝髮＝タニジュンコ　模特兒＝カロリーニ　作品製作＝冨山朋子

YUZAWAYA 限定

LIBERTY FABRICS
訂製布料×

喜歡的手作包們

YUZAWAYA從LIBERTY布料之中嚴選圖案，使用獨家色彩的牛津布製作的企劃，特製出YUZAWAYA獨家販售的布料。

No.35  ITEM｜方形後背包
作法｜P.96

能完全收納A4雜誌與各類小物的大容量後背包。除了內口袋，前方＆側面也有口袋，非常方便。是後背、手提都OK的兩用設計。

表布＝LIBERTY FABRICS牛津布（117-01-443-001）
裡布＝彩色平織布（122-07-004-26·chocolate）
拉鍊＝雙向拉鍊60cm（226-060-078-005）
織帶＝彩色織帶38mm（213-12-014-001）
日型環＝線KOKI 40mm（393-36-041-003）／YUZAWAYA

No.36

ITEM｜胸前包
作　法｜P.95

保留市售運動風胸前包的便利性，以LIBERTY布料增添時尚感的新月形胸前包。肩背帶以塑膠插釦開闔，且可調整長度。

表布＝LIBERTY FABRICS牛津布（117-01-445-002）
裡布＝彩色平織布（122-07-004-11•dark red）
拉鍊＝金屬拉鍊40cm（226-06-077-003）
織帶＝彩色織帶38mm（213-12-014-001）
插釦＝塑膠插釦（215-13-050）
口型環＝調節環（215-13-029）／YUZAWAYA

可剛好放入均一價商店購買的收納盒（內尺寸20.9×14.8×3.8cm1個、內尺寸20.9×14.8×7.8cm1個）！

No.37

ITEM｜化妝箱型工具包
作　法｜P.98

以雙向拉鍊開闔的化妝箱型工具包。不限於收納化妝用品，當成裁縫工具或雜貨類收納箱也ok，還能作為便當包使用喔！特製成能剛好放入市售收納盒的尺寸，集中整理零散物品更加方便。

表布＝LIBERTY FABRICS牛津布（117-01-444-003）
裡布＝彩色平織布（122-07-004-49•steel）
拉鍊＝雙向拉鍊60cm（marble type•226-06-078-005）織帶＝包用織帶（213-12-009-012）
鉚釘＝雙面鉚釘 中（393-35-052）／YUZAWAYA

赤峰清香的
布包物語

以閱讀及欣賞電影作為興趣，並用以轉換心情緒的布包作家赤峰清香老師，將在每一期伴隨感想文，向大家介紹想要推薦的書籍或電影，並製作取其內容為創作意向的設計包款。請跟著「布包物語」的企劃單元，進一步了解布包作家的創作背景小故事（靈感書）吧！

攝影＝回里純子　造型＝西森 萌　妝髮＝タニジュンコ　模特兒＝カロリーニ

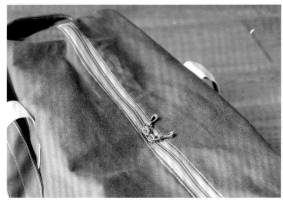

No.38 ITEM｜大容量圓筒包
作 法｜P.100

無論是去健身房時還是社團活動，又或旅途之中行李較多時，應該有不少人都會想準備一個大型包款。本次的肩背帶長設定為107cm，對於身高162cm的我（赤峰小姐）來說，無論是肩背還是斜背，尺寸都剛剛好。建議你在完成包身之後，在正式止縫背帶之前先暫時固定，調整至自己方便使用的長度再完成作品。

表布＝11號帆布（＃5000-75・deep green）
裡布＝11號帆布（＃5000-29・beige）
配布＝11號帆布（＃5000-35・Khaki）／富士金梅®（川島商事株式會社）
拉鍊＝金屬調樹脂拉鍊60cm（26-418・beige）／Clover株式會社
鉚釘＝中鉚釘（SUN11-09・AG）／清原株式會社

《大事なことほど小声でささやく》
森沢明夫著 幻冬舍文庫發行

在剛開始使用IG時，時不時會觀看可愛小貓咪的影片療癒心靈。這次所介紹的就是在我的貓咪熱潮全盛期閱讀到的書——被慵懶的睡姿、難以言表的貓咪插圖所吸引而入手，森澤明夫先生的《大事なことほど小声でささやく（暫譯：越重要的事就越要低聲私語）》。

這部作品是以聚集在健身房的六名好友，各自為主角的連作短篇集。有幽默、也有淚水，文章內也時常可見很棒的詞句，使我享受了一段流暢舒服的閱讀體驗。

全書分為六章，內容都相當溫馨。其中印象特別深刻的，是以牙醫為主角的第四章。但因為會讓人心痛到忍不住流淚，因此最好不要在電車上閱讀。

在本作中，每個主角的煩惱，都有一句雞尾酒酒語作為解決的提示。其中的光頭肌肉男——權媽媽，與好友們的交談不僅具有說服力且溫暖，總是溫柔地支撐著大家。我最難以忘卻的權媽媽名言是「現在如果美好的活著，那麼未來就會建立於現在的延伸之上，必生會很棒。」

據說這是「樺立為關咪，讓人重新地活著的樺立核心。」不論男女老少，我都想為你推薦這本書！

這次設計的大容量圓筒包（雖然權媽媽貌，似乎就會變成迷你尺寸……）以中性的健身房款式為主題。不分男女，男大姊也沒問題，是希望許多人都能自在使用的基本款設計。

運動之秋！藝術之秋！閱讀之秋！鍛鍊體力、手作還有閱讀……請享受美妙的秋季吧。

森沢明夫
大事な
ことほど
小声で
ささやく
※暫譯：越重要的事就越要低聲私語

大容量圓筒包

金屬調樹脂拉鍊 米色

鉚釘21個

★有裡布、內口袋
11號帆布
★肩背帶長度可依偏好調整

30cm
主色為深綠色

提把正面 米色

20cm 52cm

提把背面 卡其色

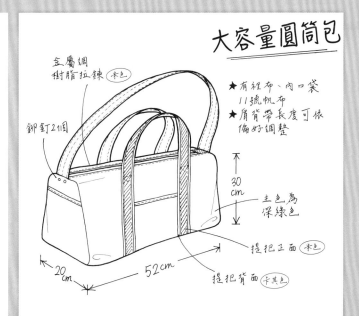

profile 赤峰清香

文化女子大學服裝學科畢業。於VOGUE學園東京、橫濱校以講師的身分活動。近期著作《仕立て方が身に付く手作りバッグ練習帖（暫譯：學會縫法 手作包練習帖）》Boutique社出版，內附能直接剪下使用的原寸紙型，因豐富的步驟圖解讓人容易理解而大受好評。
http://www.akamine-sayaka.com/
@sayakaakaminestyle

No.39·40

ITEM｜托特包
　　　 No.39・縱長型
　　　 No.40・橫長型

作　法｜P.102

以布邊拼縫的方形布片，縱橫交互接合成具有動態感的托特包。雖然容易變得五顏六色，但在包口＆提把選用素色布料，就能收斂作品整體色彩，產生調和感。

接著襯＝包包接著鋪棉-薄型（MK-BG80-1P）・底板＝Decovil（AM-1D-1P）／日本vilene（株）

何謂良知（ethical）!?

雖然ethical原為意指「倫理」的形容詞，但多半衍生為環境保護、關懷地方與社會的概念。能夠在日常生活中實踐此概念的行為之一，就是近年備受注目的「良知消費」。聯合國發表的永續發展目標（SDGs）第12項──確保永續的消費和生產模式，普遍認為藉由實踐良知消費，至少可實踐本項目的一半。

在手作中享受！能一點一滴累積的事

實踐良知生活的手作提案

你知道近年逐漸受到矚目的「良知消費」嗎？請注意由手作誌帶來的良知消費第一回──布邊應用！平時可能輕易丟棄的布邊，若接縫在一起也能當成可愛的布料使用。何不從我們每個人都能作到的小地方開始呢？

使用了進口印花布可愛的布邊！▶

No.40

No.39

攝影＝回里純子　造型＝西森 萌

36

No. 41　ITEM｜圓弧底波奇包
　　　　作 法｜P.104

彷彿是從紅色布料的圓形剪空處，窺看內層的可愛布邊片般的拉鍊包。斜向擺放的拼接布邊，是帶入俏皮感的重點。手縫裝飾線也為作品增添了溫度。

拉鍊＝VISLON Free Style拉鍊／（株）ORNEMENT
接著襯＝包包接著鋪棉-薄型（MK-BG80-1P）・MF quick（雙面膠襯）／日本vilene（株）

No. 42　ITEM｜線軸杯墊
　　　　作 法｜P.101

以布邊呈現線卷色彩的線軸。可以將標誌與圖案進行組合，也可統一色系，組合出各式變化，因此作幾個都不厭煩。

No. 43　ITEM｜口金波奇包
　　　　作 法｜P.103

搭配布料的色調＆樹脂口金框的顏色，呈現出懷舊感的可愛波奇包。若能巧妙配置布邊特有的標誌字樣，也很有時尚設計感呢！

口金＝樹脂口金H7.5×W14cm／含珠釦（OCA15-WN）／日本鈕釦貿易（株）

由刺子繡作家ちるぼる飯田敬子負責的刺子繡連載第2回。本期以秋天為主題所選
擇的刺子繡為「米刺」，利用針線繡出農作豐收的季節感吧！

刺子繡家事布

No.44·45

ITEM｜米刺變化形
（朱色·橄欖色）
作　法｜P.38

「五穀豐穰」意指穀物豐收。想
像著秋日中的纍纍稻穗，由「米
刺」變化而生的設計，並以不同
顏色的單色線施以刺繡。

No.44線＝NONA細線（紅色）
No.45線＝NONA細線（橄欖色）／
NONA
家事布＝DARUMA刺子家事布 方格導線
／橫田株式會社

No.44

No.45

攝影＝藤田律子

profile

ちるぼる・飯田敬子

刺子繡作家。出生於靜岡縣，在青森
縣居住時期接觸了刺子繡，從此投入
學習傳統刺子繡技法。目前透過個人
網站以及youtube，推廣初學者也易懂
的刺子繡針法＆應用方式。

@sashiko_chilbol

刺子繡家事布的作法

[刺子繡家事布的基礎]

※為了方便理解，在此更換繡線顏色，並以比實物小的尺寸進行解說。

起繡　1

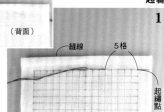

（背面）
縫線　5格
起繡點

在距起繡起點5格處入針，穿過兩片布料
之間（不在背面露出線條），往刺繡起點
出針。不打線結。

頂針器的配戴方法·持針方法

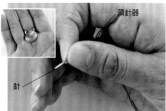

頂針器

針

圓盤頂針器的圓盤朝下，套入中指根部。
剪下張開雙臂長度（約80cm）的線段，
取1股線穿針。以食指和拇指捏針，頂針
器圓盤置於針後方的方式持針。

**　**　2

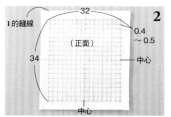

1的縫線
32
0.4
～0.5
（正面）
34
中心
中心

翻至正面，使縫目在上側邊。以魔擦筆畫
中心十字線，再畫出寬32cm高34cm的四角
形，並畫0.4至0.5cm方格記號，最後連接記
號畫方格。

製作家事布＆畫記號　1

0.5
布邊　（背面）　布邊
布寬

製作家事布。在此直接利用漂白木棉布的
布寬（約34cm）。裁下長度73cm（布寬
×2+5cm），正面相疊對摺，沿布邊0.5
cm處進行平針縫。

順平繡線

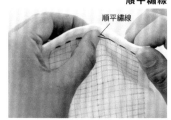

順平繡線

每繡1列，就順平繡線（左拇指壓住繡
線，右手以拔線的方式拉向自己），將繡
好的線條不順處整理平坦。

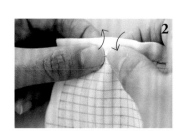

2

以左手將布料拉往對向側，頂針器從後方
推針，使針在正面出針。重複1、2。

繡法　1

以左手將布料拉往自己方向，使用頂針器
一邊推針，一邊以右手拇指控制針尖穿入布
料。

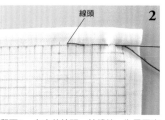

線頭
2

留下1cm左右的線頭，拉繡線。為了固定
前步驟位於布料間的繡線，在每1格反覆
交互入針出針。完成後剪去線頭。

4

繡3針之後，穿入布料之間，在遠處出針，並剪斷繡線。
※刺繡過程中若繡線不足，也以相同的起繡&刺繡完成後的處理方式進行。

3

（背面） 0.2

以0.2cm左右的針目分開繡線入針，穿過布料之間，於隔壁針目一端出針，以相同方式刺繡。

2

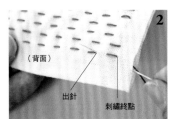

（背面） 出針 刺繡終點

翻至背面，避免在正面形成針目，將針穿入布料之間，在背面側的針目一端出針。

1

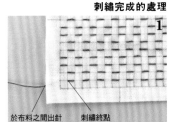

於布料之間出針 刺繡終點

刺繡完成後，從布料間出針。

[No.44·45 米刺變化形的繡法]

※此作品使用「刺子繡布 方格導線」（尺寸：約34 X 34cm），在此僅在右上角進行示範。

工具

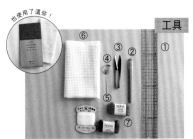

也使用了這些！

①方格尺（50cm）②細字魔擦筆③線剪④圓盤頂針器⑤針（有溝長針）⑥DARUMA刺子繡布 方格導線／橫田（株）⑦線（NONA細線或細木棉線）

1.繡邊框

1

0.25

邊框（引導線的邊緣處）以0.25cm針目進行平針縫繡一周。

2.橫向刺繡

1

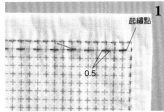

起繡點 0.5

從起繡點處沿方格引導線入針，朝左間隔1格，繡十字符號的橫槓。

2

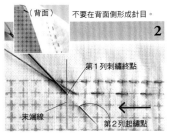

（背面） 不要在背面側形成針目。
第1列刺繡終點 末端線 第2列起繡點

繡至末端（示範圖以中間作為末端）後，繼續繡第2列。針尖穿入兩片布料之間，在右斜下的十字符號左側出針。

3.直向刺繡

1

起繡點 0.5

從橫向相同的起繡點開始，間隔1格進行直向刺繡。與橫向形成十字。

2

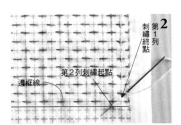

刺繡終點 第1列 第2列刺繡起點 邊框線

繡至最下方（示範以中間作為末端）後，以橫線相同方式將針尖穿入兩片布料之間，在左斜下十字記號的下方出針。

3

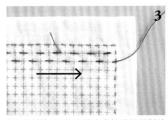

第2列從第1列沒有繡十字符號的相對位置，同樣間隔1格朝右刺繡。重複步驟2、3，繡至橫向列最下方。

3

與第1列相同，間隔1格往上刺繡，與橫線形成十字。反覆繡至左端。

4.斜向刺繡

1

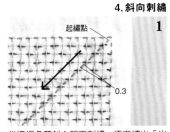

起繡點 0.3

從邊框角落斜向朝下刺繡，逐漸繡出「米字圖案」。從起繡點起，在十字與十字之間以約0.3cm間隔刺繡。

2

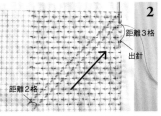

距離3格 出針 距離2格

繡到最下方後，在右邊2格出針，以1相同作法朝右斜往上繡至邊緣。繡到邊緣時，在下方3格出針。
※列的移動不在布料背面出針，而是穿入兩片布料之間。

3

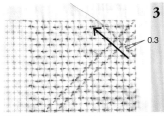

0.3

朝左斜上刺繡。與1作法相同，以約0.3cm間隔繡十字與十字之間。

4

2格 0.4 出針

穿入兩片布料之間，從左邊2格出針，朝右斜下刺繡。繡到邊緣後，就在下方1格距離（約0.4cm）處出針。

5.邊框的變化

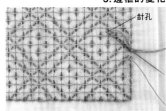

針孔

在邊框進行變化。改以針孔為針尖，從右往左穿過每1格平針縫繡線，穿縫一圈後，邊框就完成了！

（背面）

反覆交互刺繡後，就能繡出米刺的變化形。剪斷正面露出的線頭，沾水輕擦藍色方格導線，即可乾淨清除。乾燥後熨燙整理。

6

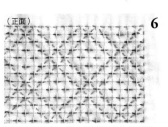

（正面）

5

距離3格 出針

重複步驟1、2刺繡，再次於下方3格處出針，並朝左斜上方刺繡。步驟1至5交互進行，就能不剪線連續刺繡。若覺得困難，將右斜線&左斜線分段刺繡亦可。

透過手鞠球享受季節更迭之美
手鞠的時間

手鞠球與草木染商店NONA的手鞠連載。在秋季號中將介紹由
上掛千鳥與下掛千鳥組合而成的秋色菊花手鞠。

No.46

photo：Yukari Shirai　styling：HAL

感受秋季，菊花手鞠

No.47　菊花手鞠（葡萄組合）

No.46　菊花手鞠（黃棕色組合）

材料組內容　NONA繡線5束・NONA細線1捲・稻糠紙條・薄紙・針

慌亂的夏季告一段落，九月九日是祛除邪氣祈求無病消災的重陽節句。由於又稱作「菊之節句」，本期的作品正是為了這天而在手鞠上描繪菊花的設計。「因為打算呈現出重疊數層的菊花花瓣，因此將素球分割為16等分，以上掛千鳥&下掛千鳥的傳統手鞠技法製作。」

繡線是使用附近公園裡收集的落葉，以及從栗子農園要來的栗子外殼染製而成。「落葉、樹果以及植物皮等，秋天染色材料豐富齊全，對我而言是寶藏季節。」NONA的安部小姐這樣說。結實之秋、手作之秋，何不透過手鞠來享受呢？

No.47

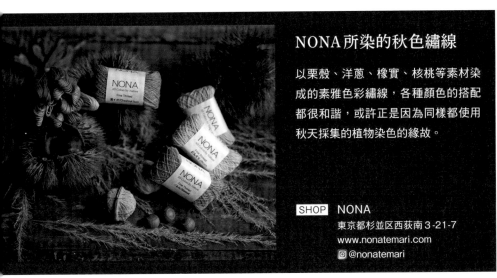

NONA所染的秋色繡線

以栗殼、洋蔥、橡實、核桃等素材染成的素雅色彩繡線，各種顏色的搭配都很和諧，或許正是因為同樣都使用秋天採集的植物染色的緣故。

SHOP NONA
東京都杉並区西荻南 3-21-7
www.nonatemari.com
@nonatemari

No.46
No.47
ITEM｜菊花手鞠
No.46・黃棕色
No.47・葡萄
作法｜P.42

在16分割的素球上，進行菊形掛線描繪出盛開的菊花。No.46是使用以核桃、橡實、栗殼染色的黃棕色系繡線製作。另一方面，No.47是嘗試以秋之味覺「葡萄」為印象的深紅紫色為基調。即使使用相同的掛線方式，也有截然不同的感受。

No.46・繞線＝NONA細線（棕色）繡線＝NONA繡線（黃色・淺芥末黃・深芥末黃・茶色・深茶色）
No.47・繞線＝NONA細線（葡萄色）繡線＝NONA繡線（海老茶色・葡萄色・赤茶色・焦茶色・深茶色）／NONA

※為了方便理解，在此更換繡線顏色。

─── 1.製作素球 ───

薄紙　　　　稻糠

1

把稻糠放在薄紙上。

圓周15cm／稻糠約10g 薄紙15cm×15cm

─── 工具・材料 ───

①書寫用具
②定規尺
③紙條20cm（捲紙或裁剪成寬5mm的長條紙）
④針（手鞠用針或厚布用針9cm）
⑤珠針
⑥剪刀
⑦薄紙
⑧稻糠
⑨精油
⑩NONA細線
⑪NONA繡線a色（黃・紅色系各3色）b色（茶色系2色）

5

隨機纏繞底線，形成如哈密瓜網眼般的紋路。並不時地以手掌搓圓。

捲繞

細線

4

將薄紙避免重疊地揉圓，並以手指壓住纏線的一端，輕柔地開始纏繞底線。

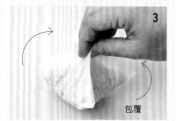

3

包覆

以薄紙包覆稻糠。

精油

2

依喜好在稻糠中添加精油。

北極

赤道

南極

9

素球完成。上方稱為北極、下方為南極，中心則稱作赤道。

8

針

拔針，線頭藏入素球中。

線頭

針

7

纏線完成之後，將針插在素球上，線頭穿過針眼。

緊密纏繞

6

覆蓋薄紙八成左右後，開始將線捲得較緊。確認圓周約為15cm左右，捲至完全遮蓋薄紙。

2.決定北極・南極

裁剪。

4

依步驟3的摺痕裁剪紙條，以此測量素球的圓周。

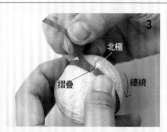

北極

摺疊

纏繞

3

紙條繞素球1周。與步驟2摺疊好的位置銜接，摺疊另一端。

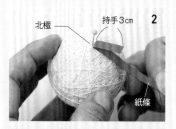

北極

持手3cm

紙條

2

紙條一端摺疊3cm（此處稱之為持手）。摺線放置於北極。

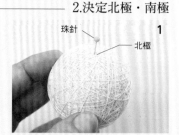

珠針

北極

紙條

1

隨機選定位置當作北極，插上珠針。北極、南極、赤道分別使用不同顏色的珠針，以便清楚辨別。

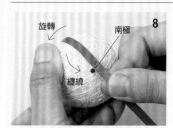

旋轉

南極

纏繞

8

沿赤道旋轉素球，重新捲上紙條，測量北極與南極之間幾處位置，一邊錯開步驟7的珠針位置，一邊決定正確的南極位置。

纏繞　珠針

南極

紙條

7

將紙條捲在素球上，珠針刺入紙條的南極左側。

珠針

北極

紙條

6

暫時取下北極的珠針，刺入紙條北極處，再次連同紙條刺入相同位置。

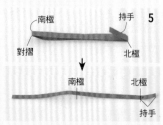

南極　　　持手

對摺　　　　北極

南極　　　北極

持手

5

持手保持摺疊狀態，將紙條對摺。步驟2摺疊的位置為北極，對摺處則為南極。

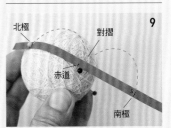

9

在紙條南北極之間對摺，找出赤道位置。再次將紙條捲在素球上，在赤道位置的左側刺入珠針。

1

旋轉素球，採相同方式測量赤道位置。隨機在8個位置刺入珠針，移開紙條。

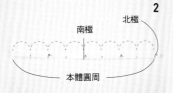

2

將紙條南北極之間8等分，並作記號。

3

紙條捲在步驟1標記的素球赤道上，將珠針重新刺入8等分記號位置。

4

決定好北極＆南極，赤道也分成了8等分。

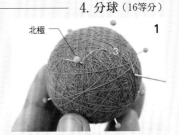

1

取1股NONA繡線穿入針眼，從距離北極3cm位置入針，再從北極出針。

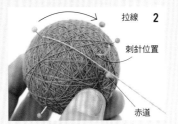

2

拔針，拉線直到線頭收入素球中為止。步驟1、2為起繡的基礎。使線位於入針的相同側，以避免線條鬆脫，在此統一通過赤道上的珠針右側。

3

通過南極右側、赤道，繞一圈回到北極。再通過北極右側，繞往左鄰的赤道右側。

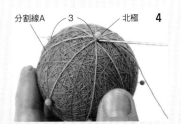

4

重複步驟3，分割為8等分（分割線A）。在北極左側入針，在距離3cm的位置出針，剪斷繡線。此為基本的完繡處理。

5

以步驟1相同方式從北極出針。

6

通過8等分線（分割線A）之間，以步驟3至5相同方式進一步作16分割。

7

分割16等分完成。

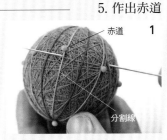

1

以1股NONA繡線，在赤道的分割線左側出針。

2

線倒向針刺方向，穿過赤道上方。

3

纏繞1周，在步驟1赤道的分割線右側入針，進行完繡處理。

4

赤道線完成。

1

暫時拔起北極的珠針，將剪成0.8cm的紙條中心對準北極，重新刺入。

2

以紙條測量從北極到赤道的長度，分成3等分，在分割線B距離赤道3分之1處刺入珠針。

3

以步驟2相同方式測量長度，在割線B上共8處刺入珠針。

4

拔下赤道的珠針，在分割線B上重新刺入1支，以此作為基點。以2股NONA繡線，在基點上步驟3的珠針下方、分割線B左側出針。

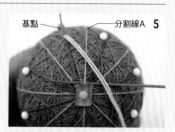

由右往左，斜向挑縫素球0.2cm穿過右鄰分割線B的珠針下方。拔除刺入位置的珠針。

以拇指壓住1的位置拔針。

將2股線無扭轉地平行靠在入針處。（其他圖示為了清楚呈現入針位置，有時會避開線條。）

由右向左挑縫素球通過基點右鄰，步驟1紙條上側的分割線A。

7. 進行千鳥掛線（b色）

從右朝左挑縫素球，穿過右鄰在步驟6.-6繡的線條北極側分割線B。

以2股NONA繡線，從基點左鄰的分割線A，珠針下分割線的左方出針。

以步驟6.-2、6.-3相同方式，在分割線A上距赤道3分之1處，刺入8處珠針。

往右轉動並重複步驟5、6，回到步驟4，在步驟4的分割線B右側入針，進行完繡處理。

8. 進行上掛千鳥（a色）

a色第2列進行上掛千鳥刺繡。在基點的第1列0.2cm上方，分割線B左方出針。

第一列刺繡完畢。

往右轉動重複步驟3、4回到2，在步驟2分割線右側入針，進行完繡處理。

從右朝左斜向挑縫素球0.2cm，穿過右鄰分割線A，珠針下方的分割線。

9. 進行下掛千鳥（b色）

以下掛千鳥進行b色的第2列。在基點左鄰第1列下方，分割線A左側出針。

向右轉動重複步驟2、3，回到步驟1，在1的分割線B右側入針，進行完繡處理。

從右鄰第1列線條上方，以0.2cm朝斜上由右往左挑縫素球穿過分割線B。

從右向左挑縫素球，穿過右鄰分割線A的第1列繡線上方。

完成

交互以a色3色各掛線2列（共6列），b色2色掛線2列、3列（共5列）。南半球側也以步驟6.至9.同樣方式掛線，完成！

以相同方式，以a色進行上掛千鳥，b色進行下掛千鳥，反覆交互進行。

朝右轉動，重複步驟2、回到步驟1，在步驟1的分割線A右側入針，進行完繡處理。

從右向左，挑縫素球穿過右鄰第1列下方的分割線B。

Jeu de Fils
刺繡教學帖

跟著刺繡家・Jeu de Fils高橋 紀老師的連載，
每期製作一項作品，集齊一套刺繡組吧！

攝影＝回里純子　造型＝西森 萌

No.48 ITEM ｜捲收式縫紉包
作法｜P.47

可安全放置剪刀和針的鋪棉縫紉包。在外側以繞線鎖鏈
繡刺繡的法文n'oublie pas，是「不要忘記」之意。圍
繞整個縫紉包繡一圈的紅色手工針目也成為具有溫度的
點綴。（刺繡＆貼布繡的詳細解說參見P.46）。

profile Jeu de Fils・高橋亜紀

刺繡家。經營Jeu de Fils工作室。從小就對刺繡感興趣，居
住在法國期間正式學習刺繡，於當地的刺繡圈出道。一邊與各
地的手藝家進行交流，一邊開始蒐集古刺繡、布品與相關資料
等，返回日本後成立工作室。目前除了在工作室與文化中心舉
辦講座，也於雜誌與web上發表作品。
http://www.jeudefils.com/

45

刺繡的基礎筆記

工具・材料

逆向繞線鎖鏈繡

【25號繡線】由6股木棉細線捻合成1條的刺繡線，請抽出需要的股數使用。
【木棉線#30】雖然建議單股使用，但也有依需求取複數線使用的情形。

【法國刺繡針】 使用針孔長、容易通過複數線條，前端尖銳的針。此次使用3至4股線適用的5號針。

【布料】使用麻先染格紋布。先粗略裁剪成比想製作的尺寸大一圈之後再刺繡。

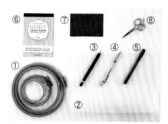

①刺繡框②描圖紙③鐵筆④自動筆⑤簽字筆（細字）⑥布用複寫紙⑦複寫紙⑧剪刀

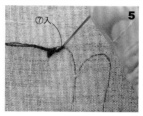
5
從⑥的相同針孔入針（⑦入）。

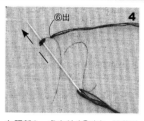
4
在距離3mm處出針（⑥出），並將針穿入步驟3形成的針目。

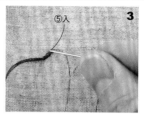
3
在步驟1-④相同針孔入針（⑤入）。

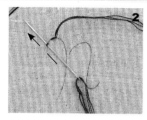
2
繡針穿入步驟1起繡的第1目。

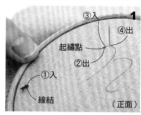
1
將3股25號繡線線頭打結，從稍微遠離起繡點的位置，自正面側入針（①入），在起繡點位置出針（②出）。在距離1.5mm的位置入針（③入），從距離3mm的位置出針（④出）。

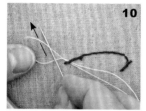
10
繡針穿入線圈後拉線。

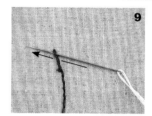
9
〈線圈用線的起頭方式〉
對摺繞線用的木棉線，對齊線端，將2股一起穿針後，穿過刺繡終點背面的針目。

8
剪斷正面側起繡點的線結，將線從背面側拉出，再度穿入針，以步驟7相同方式纏繞。最後在繡布邊緣剪線。

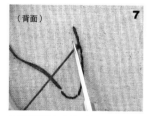
7
在刺繡針目上穿繞3針左右的繡線，沿針目邊緣剪線。

6
重複步驟4至5，直至刺繡終點。最後在背面側出針。

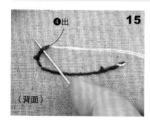
15
與步驟7相同，穿繞背面針目約3針長度，於繡布邊緣剪線。

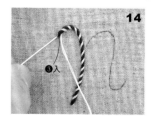
14
在步驟1-①相同針孔入針（❸入）。

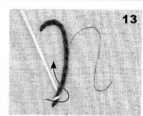
13
重複步驟12，在所有線圈都纏繞線條。

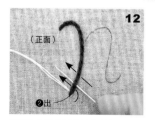
12
繡針穿入最靠近自己的鎖鏈下方，纏繞上繡線後，繡針穿入隔壁線圈下方，纏繞繡線。

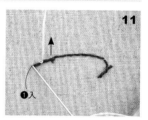
11
朝上拉線形成線結。從刺繡終點相同針孔入針（❶入），從正面拉出繡線。

線環

4
將繡線往左右拉緊。重複步驟2至4，讓線圈整體纏繞上繡線。最後打線結，再穿針於②的相同針孔，拉入繡布背面側。

3
繡針穿入步驟2形成的線圈。

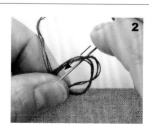
2
繡針穿入步驟1形成的線圈。

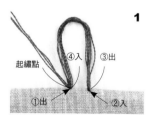
1
取4股繡線，線頭打結。從背面側朝起繡位置出針，保留5cm左右的繡線呈鬆弛狀態備用，從距離起繡位置0.5cm處入針（②入），挑一針出針（③出）。

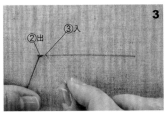 **3**	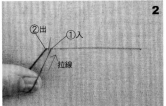 **2**	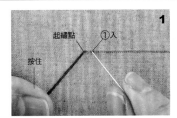 **1**	
拉線。在與第**1**針等長的位置入針（③入）。重複步驟**2**、**3**。	拉線，在起繡點與第1針之間出針（②出）。	在起繡點出針，距離0.3至1.5mm處入針（①入）。針目大小依刺繡尺寸改變。過程中以左手拇指壓住繡線，就不會干擾刺繡。	**輪廓繡**

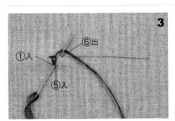 **3**	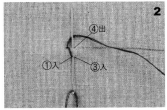 **2**	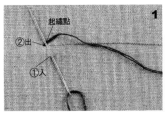 **1**	
刺入①（⑤入），往右斜前方出針（⑥出）。掛線於針並拉線。	刺入①（③入），筆直朝上出針（④出）。掛線於針並拉線。	在起繡點出針，右斜下方入針。往起繡點斜向出針，掛線於針並拉線。	**釦眼繡（三角形）**

貼布繡的方法 ──── 描圖方法

 **4**	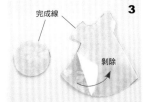 **3**	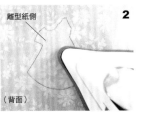 **2**	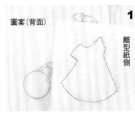 **1**	
將剝除面朝下，熨燙黏貼於完成刺繡布料的貼布繡位置。	沿完成線剪下，並剝下離型紙。	沿完成線0.5cm外側裁剪。熨燙黏貼於布料背面側。	將描好的圖案翻至背面，雙面膠襯的離型紙側朝上重疊，描繪貼布繡。	在描圖紙上以細字簽字筆描繪圖案，並以珠針固定在布料上預定刺繡的位置。複寫紙（或布用複寫紙）深色面朝下夾入，以鐵筆描邊複寫圖案。

【材料】表布（亞麻布）40cm×15cm、裡布（亞麻布）30cm×15cm、不織布（灰色）15cm×20cm、棉襯30cm×30cm、雙面膠襯（MF quick）5cm×5cm、鈕釦1cm 1個、線軸1cm 2個、25號繡線（紅色系）、木棉線＃30（紅色・原色）

【完成尺寸】寬28×12cm
【紙型】無
【原寸刺繡圖案】D面

P.50 No.48
捲收式縫紉包

2.疊合表・裡本體

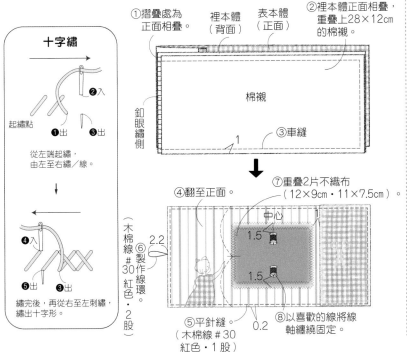

①摺疊處為正面相疊。
裡本體（背面）
表本體（正面）
②裡本體正面相疊，重疊上28×12cm的棉襯。
棉襯
③車縫
釦眼繡側
1

十字繡

起繡點
①出　③出　②入
從左端起繡，由左至右繡／線。
④入
⑤出　③出
繡完後，再從右至左刺繡，繡出十字形。

④翻至正面。
⑦重疊2片不織布（12×9cm・11×7.5cm）
中心
1.5
1.5
（木棉線＃30紅色・2股）
⑥製作線環。
2.2
⑤平針縫（木棉線＃30紅色・1股）
0.2
⑧以喜歡的線將線軸纏繞固定。

1. 刺繡

①裁剪表本體（表布38×14cm）裡本體（裡布29×14cm）。
②進行刺繡・貼布繡　繡法＝○○繡（線種 顏色・股數）
逆向繞線鎖鏈繡（鎖鏈：繡線 紅色系・3股）（繞線：木棉線＃30 原色・2股）

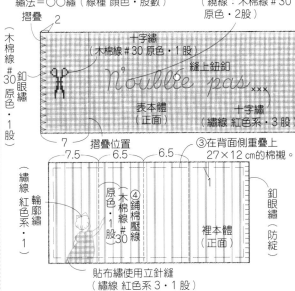

摺疊 2
十字繡（木棉線＃30 原色・1股）
釦眼繡
縫上鈕釦
noublie pas ×××
表本體（正面）
十字繡（繡線 紅色系・3股）

7
摺疊位置
7.5　6.5　6.5
③在背面側重疊上27×12cm的棉襯。
（繡線 紅色系・1股）
輪廓繡
④鋪棉壓線（原色 木棉線＃30）
1
裡本體（正面）
釦眼繡（防綻）
貼布繡使用立針縫（繡線 紅色系3・1股）

在亞麻束口袋上以織補繡作出宛如樣本繡的織物圖案。
雖然只使用了紅白繡線，但透過改變橫線的穿法，
也能夠作出如此多樣的風貌。

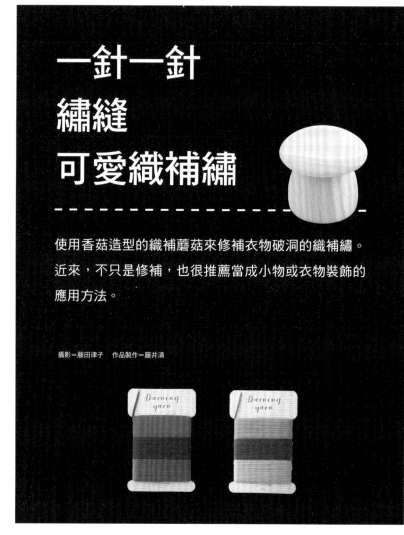

一針一針
繡縫
可愛織補繡

- - - - - - - - - - - - - - - - -

使用香菇造型的織補蘑菇來修補衣物破洞的織補繡。
近來，不只是修補，也很推薦當成小物或衣物裝飾的
應用方法。

攝影＝藤田律子　作品製作＝藤井清

在襪子腳跟繡上兼具修補與加強作用的織補繡。
以剩餘的線，在襪口或腳尖等位置也加上織補繡，
完成專屬的獨家襪款。

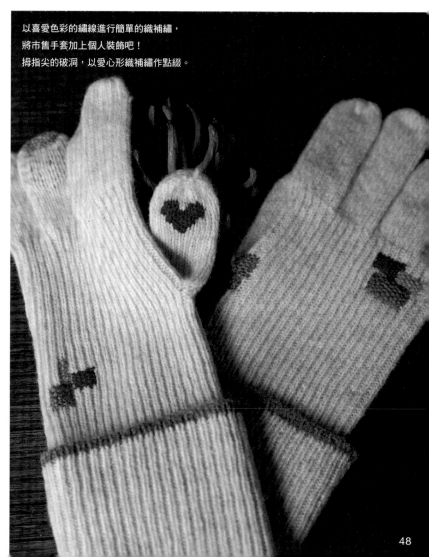

以喜愛色彩的繡線進行簡單的織補繡，
將市售手套加上個人裝飾吧！
拇指尖的破洞，以愛心形織補繡作點綴。

織補方法

＜在無破洞處繡織補繡時＞

1

在想要進行織補繡的地方以消失筆作記號。

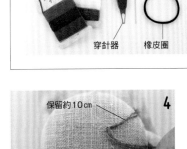

工具

織補繡線　　刺繡針
※針請依用線粗細選擇適合的類型。

＜織補蘑菇＞
傘　　　　　　柄

穿針器　橡皮圈　　台座

・織補蘑菇
・附屬針
・附屬橡皮圈
・織補繡線
・其他（剪刀、縫線和穿針器）

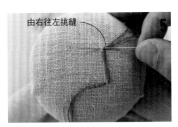

5

由右往左挑縫

以相同方式，在緊鄰步驟3刺繡處的左側，由右往左進行挑縫。刺繡的間隔以1條用線的寬度作為標準。

4

保留約10cm

在步驟3的位置正下方以相同方式挑縫。一邊想像完成的四方形，一邊挑縫。

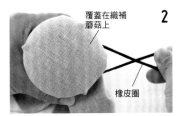

3

由右往左挑縫

剪下50cm左右的直線用線，穿入繡針。在起繡點稍微外側的右上方入針，由右往左稍微挑縫布料。留下約10cm線頭。

2

覆蓋在織補蘑菇上

橡皮圈

以步驟1作記號處為中央，將布料覆蓋在織補蘑菇上。以橡皮圈固定，讓布料繃緊撐開。

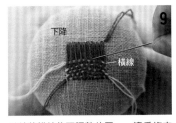

9

下降

橫線

以針將橫線往下調整位置，一邊重複交互進行步驟7・8、一邊調整位置，進行橫線穿線。

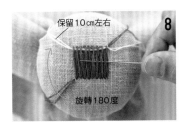

8

保留10cm左右

旋轉180度

將蘑菇旋轉180度，在步驟7穿過的橫線處下方，約1條線寬處挑縫，並以相同方式在第1條之上、第2條之下、第3條之上，交互穿線。

7

由右向左穿入

取橫線用線穿針，在直線的側邊邊緣由右往左挑1小針，在直線第1條之上、第2條之下、第3條之上，依此類推交錯穿線。穿縫至邊緣後，在直線側邊的邊緣由右往左挑針拉橫線。留約10cm線頭。

6

直線

重複步驟3至5拉出直線，並以線覆蓋記號位置。

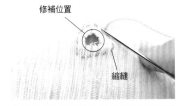

＜修補破洞時＞

修補位置

縮縫

由於要補強修補的位置（想要進行織補繡處），因此先在四周縮縫一圈，再參見〈在無破洞處繡織補繡時〉步驟2起，以相同方式刺繡。

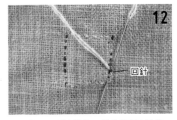

12

回針

分開步驟11所拾線條，反向約回2針後，在邊緣剪出。從布料正面側，稍微懸空噴上蒸汽，整理完成！

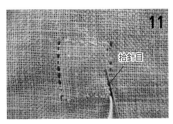

11

拾針目

處理線頭。將線頭穿針後，從背面出針，拾2針左右背面針目，穿過繡線。

10

保留約10cm，剪線

橫線穿縫到最後，留下約10cm線頭剪斷。拿下橡皮圈，將布料從蘑菇上拆下。

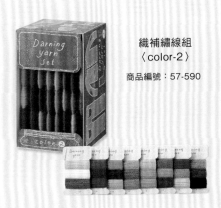

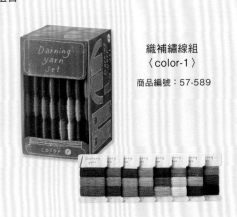

繽紛織補繡線8捲（24色）組合

織補繡線組
〈color-2〉
商品編號：57-590

織補繡線組
〈color-1〉
商品編號：57-589

織補繡蘑菇套組
＜盒裝＞

組合內容：織補繡蘑菇・橡皮圈・手藝針（3種）・織補繡線natural（4種各1個）・收納盒・線剪・說明書
商品編號：57-920

透過手作享受繪本世界的樂趣

～小紅帽～

Rotkäppchen

手藝設計師福田とし子以繪本為題材的人氣連載第7回。

本期福田老師所選擇的喜愛繪本是《小紅帽》。將以超可愛的玩偶作品，為你介紹故事中登場的角色們。

攝影＝回里純子　造型＝西森 萌

【小紅帽】

故事說的是——某一天,小紅帽到外婆家探病;在那裡等待的卻是偽裝成外婆的大野狼。
雖然小紅帽和外婆都被大野狼吃掉了,但是多虧獵人幫助,以石頭填滿了飽脹的肚子。

No.50
ITEM｜蘑菇造型筆套
作　法｜P.111

掛在包包上,作為吊飾或奇包使用也很可愛!

No.49
ITEM｜大野狼波奇包
作　法｜P.105

菌傘是將不織布戳滿紅色羊毛,蕈褶＆蕈柄則是在不織布上添加刺繡,
製作成蘑菇造型筆套。套在消失筆上使用,菌傘部分也能當作針插!

肚子裡填滿石頭的大野狼。將圓滾的肚子作成拉鍊波奇包,裝入物品就會鼓起,
尾巴則是拉鍊拉繩,實在是非常可愛的設計吧!

No.51
ITEM｜小紅帽
作　法｜P.106

profile **福田とし子**
手藝設計師。持續在刺繡、編織與布小物類手工藝書刊發表眾多作品。手作誌
的連載是以福田老師喜愛的繪本為主題,介紹兼具使用、裝飾、製作樂趣的作
品。
https://pintabtac.exblog.jp/
@beadsx2

髮型是以中細毛線三股編的可愛小紅帽人偶。有領襯衫＆吊帶裙以刺繡和緞帶製
作成民族服飾風格。也能進行衣服換穿喔!

攝影＝回里純子　造型＝西森 萌

和布小物作家細尾典子，一起沉浸在季節感手作的連載。

本回將介紹給你，將冬眠前的熊圖像化的主題小物。

Seasonal Handmade Recipe
from Noriko Hosoo

細尾典子的
創意季節手作

〜木雕熊〜

近期喜歡的圖案之一就是木雕熊。栩栩如生的形態不用說，由於是手工雕刻，因此無論表情還是輪廓每件都不盡相同，充滿個性讓人著迷。我製作了以這樣的木雕熊為圖案的作品。以車縫或手縫慢慢地製作，輕鬆自在地度過手作時光吧！請務必製作看看。

profile

細尾典子

居住於神奈川縣。以原創設計享受日常小物製作的布小物作家。長年於神奈川縣東戶塚經營拼布・布小物教室。著作《かたちがたのしいポーチの本（暫譯：造型有趣的波奇包之書）》（Boutique社出版），收錄了許多看起來愉快、作起來開心的作品。

@norico.107

No.52

ITEM｜木雕熊掛飾
作　法｜P.108

特意設計了一隻回頭看的熊。熊本體建議使用素色麻布，毛髮以5號繡線繡粗針目，表現出姿態溫柔的熊先生。

單膠鋪棉＝單面接著domitto襯（硬式・MKH-1）
接著襯＝厚不織布（硬挺效果・AM-F1）／日本vilene（株）

ITEM｜**橡實波奇包**

（欣賞作品）

在冬眠之前，木雕熊先生拼命收集的或許就是「橡實」。把圓滾滾的橡實作成拉鍊波奇包，適合當成零錢包或用來收納背包裡的零散物品。

使用一雙成人的23㎝至25㎝尺寸襪子製作。以繽紛的領結作重點裝飾。雖然本期理所當然地選擇了咖啡色，但在鬍鬚和嘴巴線條的色彩加入玩心也很可愛。想像著松鼠圓滾滾的身體進行製作吧！

襪子動物園

KUMADA MARI

用任何人都有的「襪子」來作可愛動物玩偶吧！連載第5回是適合紅葉季節的松鼠先生。

攝影＝回里純子　造型＝西森 萌

profile
くまだまり Kumada Mari

手藝作家、插畫師。以手藝作品為主軸，涉獵刺繡、貼布繡、黏土細工等多元領域，作品收錄於眾多手作書籍＆雜誌中。近期著作《はじめての切り紙（暫譯：第一次玩紙雕）》主婦之友社發行。

材料：襪子（長約13㎝）1雙、丸大珠（黑色）2個、皮革5㎝×5㎝、25號繡線（粉紅色・米色）、緞帶 寬1㎝ 10㎝、填充棉 適量　※為了方便理解，在此更換線條顏色。

紙型：B面

松鼠先生的作法

1. 裁布

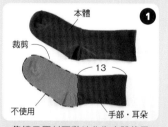

本體
裁剪
13
不使用
手部・耳朵

一隻襪子原封不動地作為本體使用。另一隻則剪下開口起的13㎝，裁剪手部＆耳朵。

2. 製作頭部＆身體

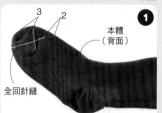

3　2
本體（背面）
全回針縫

將本體用的襪子翻到背面，腳尖處如圖所示進行全回針縫。

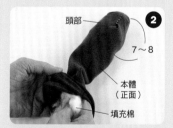

頭部
7～8
本體（正面）
填充棉

翻至正面，在腳尖起的7至8㎝處紮實地塞入填充棉，作為頭部。

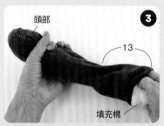

頭部
13
填充棉

左手抓住❷填充棉花處（頭部），鬆軟地塞入填充棉直到襪口前約13㎝處。

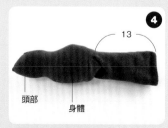

13
頭部
身體

以❸填充棉花處作為身體。

縮縫

從襪子開口距離13㎝處縮縫1圈。

尾巴

拉線打結固定。身體以上當成尾巴。

3. 製作尾巴

尾巴
填充棉

尾巴僅塞入少許填充棉。

將尾巴縫合固定在身體上。

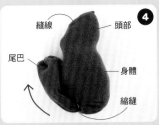

在襪子腳背側、縫線側，將尾巴從步驟2.-⑤縮縫處摺起。

將鬆緊帶收入內部，拉線打結固定。

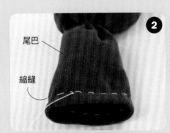

在開口鬆緊帶下方縮縫1圈。

翻至正面。

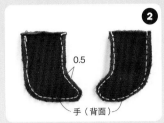

加上0.5cm縫份進行裁剪。裁剪剩餘的部分將用於縫製耳朵，因此碎布先留著備用。

5. 製作手部

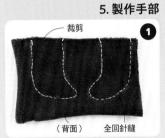

直向裁剪手部、耳朵用的部份，正面相疊對摺。放上手部紙型，畫出完成線記號，在線條上進行全回針縫。

4. 縫出頸部

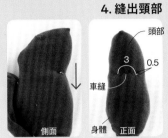

在摺疊尾巴的相反側，挑縫0.5cm作出頭部&身體的分界，頭部朝下。

6. 製作臉部

以步驟5.-❶的剩布裁剪2片耳朵。在四周塗上白膠防綻。

將手部背面挑縫於身體。另一側手部也以相同方式接合。

將手反摺。

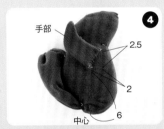

如圖所示挑縫於身體脇側。

〈嘴巴縫法〉

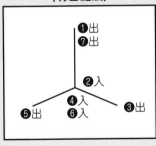

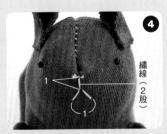

取2股粉紅色繡線，在縫線下方繡上嘴巴。

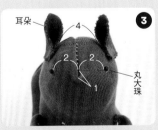

參考圖片位置，頭部以白膠黏上耳朵&作為眼睛的2個丸大珠。

背面相疊對摺，以白膠黏貼。

7. 接合足部&蝴蝶結

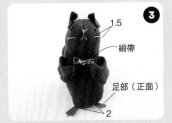

以白膠黏貼足部&蝴蝶結，並將鬍子修剪至1.5cm，完成！

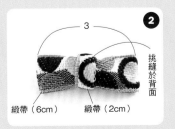

將緞帶（6cm）於中心摺疊對接，中心繞上直向對摺的緞帶（2cm），並於背面挑縫。

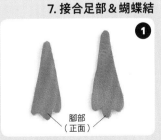

取皮革裁剪2片腳。

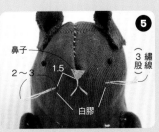

取皮革裁剪鼻子，以白膠黏貼在嘴巴線結上。以3股米色繡線繡鬍子。根部點上白膠固定。

55

印度的美麗布料
——印染布的故事

以印度印染布專門店humóngous的布料,來製作
秋色裙裝吧!一旦聽過店主西岡小姐暢談實際走
訪印度的經歷,了解印染布製作的魅力,並透過
印染布進一步認識印度,便會對這條裙子更有感
情。

P.63 印度的照片=西岡店長　　P.62 攝影=回里純子　造型=西森 萌

No.**54**

ITEM｜剪接圍裹裙
作 法｜P.110

將雅緻配色的更紗抽大量細摺,
製作有蓋布的一片式圍裹裙。與
鬆緊帶裙差不多簡單的作法是其
魅力。素色布的裙腰不但可固
定細摺,也能讓腰部線條清爽俐
落。

表布=薄棉布～木刻印染布
(FLOWER510 004)／humongous

humongous ～ヒューモンガス
東京都荒川区東日暮里3-28-4
https://shop.humongous-shop.com/
@humongous_prints

手工製作，自然流溢出木版印染布的溫度

將手工雕刻的木版蓋印在布料上的木版工作，是木版印染布製作步驟中的精髓之一。印刷工坊的師父將手上的木版浸入染料中、印壓於布料上，木版浸泡染料之後，為了要接續剛剛的圖案，而將木版放置於一旁……以極佳律動重複的這項步驟，據說連數次造訪印度印刷工坊的humongous店長西岡小姐，也是每次都可以毫不厭倦地觀看數小時。「在凝重的氣氛之中，連1mm也不容出錯，神情緊張的師父們聚精會神地進行著製作——但情況並非如此。當然大家也都認真地工作，但卻是輕鬆泰然，平靜且自然。我覺得那種毫不激烈的溫和氣氛，似乎也呈現在木版印染布的風貌之中」。

不同於以機器整齊劃一生產的布料，由「人的雙手」製作而成的布料——木版印染布，其韻味及溫度，就是木版印染布最大的魅力。

YOKO KATO

方便好用的
圍裙＆小物

縫紉作家・加藤容子老師至今為止所製作過的圍裙數量已達200件以上！本次介紹的，是在家中或住家附近都能穿的圍裙洋裝。

攝影＝回里純子　造型＝西森 萌
妝髮＝タニジュンコ　模特兒＝カロリーニ

No.55

ITEM｜前後兩穿連身圍裙
作 法｜P.112

有一件洋裝造型的圍裙就會很方便！正面是圓領，背後作成鈕釦式V領。前後皆可作為正面穿著。

表布＝亞麻羊毛棉布・black（KOF-33／BK）／清原株式會社

profile　加藤容子

裁縫作家。目前在各式裁縫書籍和雜誌中刊載許多作品。為了達成「任何人都容易製作，並且能漂亮完成」的目標，每一件創作都是謹慎地檢視作法＆反覆調整製作而成，因此發表作品皆深具魅力。近期著作《使い勝てのいい エプロンと小物（暫譯：方便好用的圍裙＆小物）》Boutique社出版。
https://blog.goo.ne.jp/peitamama
📷 @yokokatope

人氣再版！

No.56

ITEM｜髮帶
作 法｜P.113

以No.55製作圍裙的飾布製作而成。緊收起中心的設計，能不經意地吸引目光。

表布＝亞麻羊毛棉布・black（KOF-33／BK）／清原株式會社

攝影＝回里純子　造型＝西森 萌

印度刺繡緞帶的絕美手作

連細節都很優美，講究刺繡細緻度的「印度刺繡緞帶」。
是網路火紅的素材商店SARA accessory & parts今秋的主打素材。

No.57 ITEM｜刺繡緞帶波奇包
作 法｜P.109

突顯細緻緞帶刺繡之美的時尚拉鍊波奇包。以素色薄亞麻布縫製波奇包，最後再挑縫上緞帶。是一旦放入物品，打褶包身就會膨起，整體袋型變得圓潤的可愛波奇包。

左・緞帶＝印度刺繡緞帶（Flower-4・黑×原色×栗子）
中・緞帶＝印度刺繡緞帶（Flower-2・light silver）
右・緞帶＝印度刺繡緞帶（Flower-2・ash navy）／SARA accessory & parts

SARA accessory & parts印度刺繡緞帶

販售世界各國美麗手藝素材與配件的網路商店 SARA accessory & parts，
從手工藝國度印度直送的刺繡緞帶。

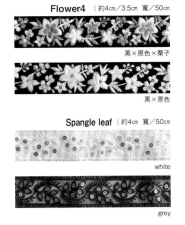

Flower4 ｜約4cm／3.5cm 寬／50cm

黑×原色×栗子

黑×原色

Spangle leaf ｜約4cm 寬／50cm

white

grey

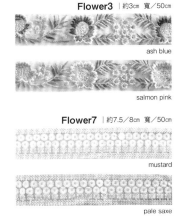

Flower3 ｜約3cm 寬／50cm

ash blue

salmon pink

Flower7 ｜約7.5／8cm 寬／50cm

mustard

pale saxe

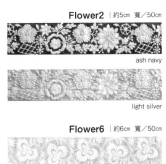

Flower2 ｜約5cm 寬／50cm

ash navy

light silver

Flower6 ｜約6cm 寬／50cm

pale saxe

ash navy

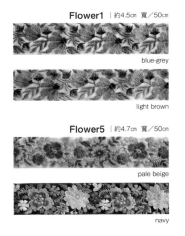

Flower1 ｜約4.5cm 寬／50cm

blue-grey

light brown

Flower5 ｜約4.7cm 寬／50cm

pale beige

navy

攝影場地協助／隆德布能布玩台北迪化店
作品設計・製作・示範教學・作法文字提供／洪藝芳老師
攝影／MuseCat Photography 吳宇童
採訪執行・企畫編輯／黃璟安

生活好手作

實用防疫瓶套

以簡易作法，就能在家輕鬆完成的防疫瓶套，
依需求決定尺寸，為隨身攜帶的小瓶，
加上可愛的外衣，安心又有型！

Camillo by Basil Ering

師資介紹

Introduction

洪藝芳 老師

現任：
台灣國際拼布友好會會長
木棉拼布美學藝坊負責人
布能布玩特約老師
基隆社區大學拼布、羊毛
氈、刺繡教師
拼布資歷30年

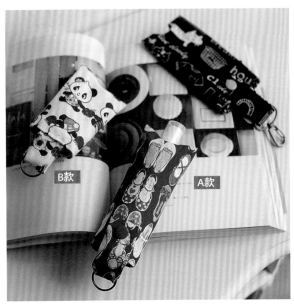

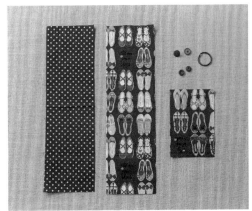

實用防疫瓶套

材料&尺寸說明

★可依個人的瓶子尺寸決定瓶套的大小。

A款
表布・裡布：30×9cm 各1片
勾環布：8×12 cm 1片

B款
表布・裡布：22×9cm 各1片
勾環布：8×12 cm 1片

● 四合釦一組或磁釦一組（2種皆可使用）
● 鎖圈環25～28mm 1個
★以上尺寸已含縫份1cm。
★示範作品為A款。

how to make

3 表布與裡布正面相對（表布背面朝上）以半回針縫縫合一圈。

2 表布對摺，找出中心點，在中心點畫出直徑2.5cm的圓形。

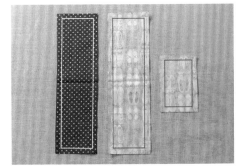

1 將布片的四周畫出1cm的縫份。

5 將裡布從洞口翻入。

剪牙口

4 留0.3cm的縫份剪開，縫份剪牙口。

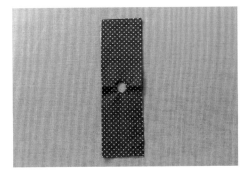

7 翻入完成（背面圖）。

6 翻入完成（正面圖）。

10 兩側縫合完成。

9 兩側縫合。

8 表布與表布正面相對，裡布與裡布正面相對，兩側別上珠針。

13 上下縫份1cm往內整燙。

12 兩邊縫份往兩邊燙開。

11 縫份修剪。

16 縫合。

15 對摺，別上珠針。

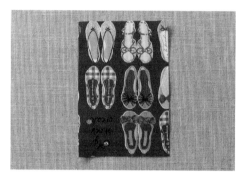

14 裁剪勾環布。

19 以竹筷輔助翻至正面。

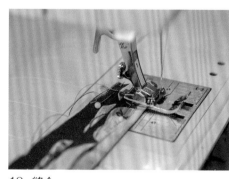

18 縫合。

17 兩邊縫份往兩邊燙開後，對準中間，別上珠針。

22 勾環布與表袋布，中心點對中心點別上珠針。

21 在表袋口部中心點作記號。

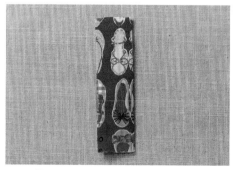

20 整燙完成。

25 口部縫合一圈。

24 表袋與裡袋口部對齊,別上珠針。

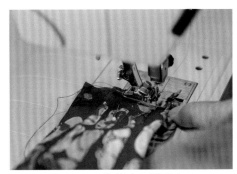

23 在縫份0.5cm的部分疏縫固定。

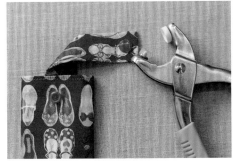

28 以工具裝上四合釦或縫上磁釦。

27 以錐子鑽洞。

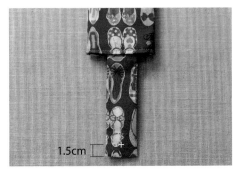

1.5cm

26 勾環布中心點1.5cm處作記號。

31 作品即完成。

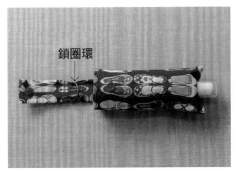

鎖圈環

30 放上鎖圈環。

29 下釦位置:表袋口部中心點1.5cm
處,裝上四合釦或縫上磁釦。

拼布友好生活節 展訊

友好拼布手作節,在台北松菸文創園區,
邀您一起,共同參與這場手作盛宴!

詳情請見台灣國際拼布友好會 臉書專頁

2021/11/12 (五) -11/14 (日)

臺北松山文創園區一號倉庫

主辦單位:台灣國際拼布友好會
協辦單位:臺灣喜佳股份有限公司
贊助單位:台北市文化局

不可思議之美！
晶透又夢幻・UV膠の手作世界
BOUTIQUE-SHA ◎授權
平裝／80頁／21×26cm
彩色／定價350元

在小小的 UV 膠飾品裡，
創造美麗又神祕的幻想殿堂

有時候是彷彿玻璃般熠熠生輝的透明世界，

也有時候是封存宇宙和天空等不可思議的世界。

透過本書，希望你會發現

在UV膠飾品的小小創作空間裡，不只是強調透明度，

多花一些心思營造景深、調整色彩變化＆濃淡漸層、利用封入物打造場景感，

甚至利用氣泡營造清爽的空氣感，創造透明色深處的光線＆色彩，

就能將不可能保留的瞬間，收藏於掌心。

為私藏布物、衣帽
增添質上品味的手作銀飾

在胸前、衣領旁、帽身側、心愛外出包＆手作工具袋（筆袋）上……以閃耀小小銀光的手作銀飾，創造出與日常溫柔相伴的小美好。

■ 銀飾作品
1 蠟筆彩繪蛾（創作者・淨）
2 謝謝妳來當我的寶貝（創作者・Salina M.）
3 大象先生聽我說（創作者・Kim）
4 星光流轉胸針（創作者・CYC）
5 花叢裡探險的碧眼貓咪（創作者・Emily）

■ 攝影
Muse Cat Photography 吳宇童

銀黏土

顧名思義,在製作過程中呈現黏土般的質地,

燒成前的製作也是以雙手揉搓、擀片狀、壓印、切割、刻紋……

簡單即可進行,可以自由地塑型,

自由地與不同素材結合,自由地表達出內心所思所想。

而當確定作品造型後,在家裡的瓦斯爐上就能進行重要的燒成步驟,

再經由後續的打磨拋光,讓自己的創作一點一點綻放小小閃耀的銀光,

成為獨一無二的999純銀飾品。

也在盡情享受手作的樂趣之後,讓自己的創作兼具價值及保存性。

這次,書中特邀 5 名職人攜手示範:

從 1 隻飛鳥開始的創作旅程,延伸打造個人風格的森林系列銀飾。

- -

請從欣賞五位創作者

由基礎原型～造型變化～系列創作的呈現,

並跟隨他們獨一無二的飛鳥軌跡,

前往創作者們各自棲息的奇幻森林!

希望你也能從創作者們分享的設計過程、技巧、心得建議中,

萌生靈感&想要自己動手創作的心情,

親自體驗銀黏土的手作魅力,

最終獲得珍貴且能提升衣飾搭配質感的美麗作品。

銀黏土的奇幻森林
從 1 隻飛鳥開始的創作旅程,
5名銀黏土職人攜手分享15件銀飾的手作時光
淨・CYC・Emily・Kim・Salina M.◎合著
平裝/128頁/14.8×21cm
彩色/定價380元

製作方法
COTTON FRIEND 用法指南

作品頁

一旦決定好要製作的作品，
請先確認作品編號與作法頁。

作品編號 ----------
作法頁面 ----------

作法頁

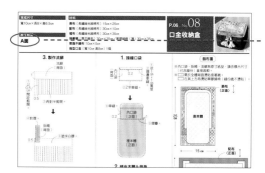

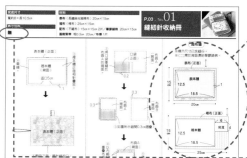

翻至欲製作之作品對應的作法頁面，
依指示製作。

表示該作品的原寸紙型在A面。

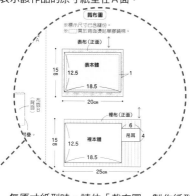

無原寸紙型時，請依「裁布圖」製作紙型
或直接裁剪。標示的數字已含縫份。

標示「無」意指沒有原寸紙型，
請依標示尺寸作業。

原寸紙型

原寸紙型共有A・B・C・D面。

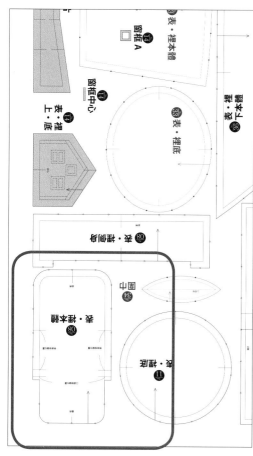

請依作品編號與線條種類尋找所需紙型。
紙型已含縫份，請以牛皮紙或描圖紙複寫粗線使用。

本書使用的接著襯

Ⓥ=日本Vilene　Ⓢ=鎌倉Swany（株）

厚

接著襯 アウルスママ
（AM-W4）／Ⓥ
兼具硬度與厚度的紮實觸
感。有彈性，可確實保持
形狀線條。

中薄

接著襯 アウルスママ
（AM-W3）／Ⓥ
富張力與韌性，兼具柔
軟度，可作出漂亮的皺
褶與褶襴。

薄

接著襯 アウルスママ
（AM-W2）／Ⓥ
質地薄，略帶張力的自
然觸感。

雙面膠襯

MF Quick／Ⓥ
防黏紙上方有蜘蛛網狀
白膠的接著襯。可用來
黏貼所有的布片，用於
貼布縫也相當便利。

**單膠鋪棉Soft アウルス
ママ（MK-DS-1P）／**
單面有膠的鋪棉，可用
熨斗燙貼。觸感鬆軟有
厚度。

單膠鋪棉

包包用接著襯

Swany Soft／Ⓢ
偏硬有彈性，讓
作品具張力，保
持袋型筆挺。

Swany Soft／Ⓢ
從薄布到厚布均適
用，能發揮質感，
展現柔軟度。

極厚

接著襯
アウルスママ
（AM-W5）／Ⓥ
硬度如厚紙，但彈性亦佳，
可確實保持形狀線條。

縫紉收納冊

完成尺寸
寬約8×長10.5cm

原寸紙型
無

材料
表布（長纖絲光細棉布）20cm×15cm
裡布（棉布）25cm×15cm
配布（不織布）15cm×15cm 2片／單膠鋪棉 20cm×15cm
圓鬆緊帶 粗0.3cm 20cm／布標 1片

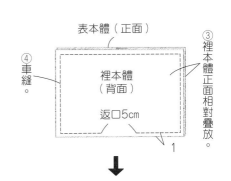

④車縫。
表本體（正面）
裡本體（背面）
返口5cm
③裡本體正面相對疊放。
1

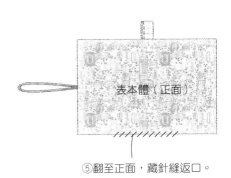

表本體（正面）
⑤翻至正面，藏針縫返口。

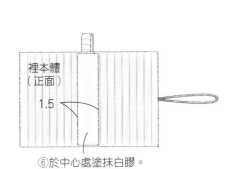

裡本體（正面）
1.5
⑥於中心處塗抹白膠。

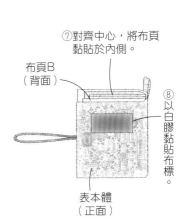

⑦對齊中心，將布頁黏貼於內側。
布頁B（背面）
⑧以白膠黏貼布標
表本體（正面）

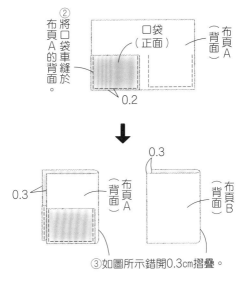

②將口袋車縫於布頁A的背面。
口袋（正面）
布頁A（背面）
0.2

③如圖所示錯開0.3cm摺疊。
0.3
布頁A 背面
布頁B 背面
0.3

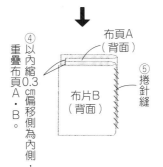

④以內縮0.3cm偏移側為內側，重疊布頁A·B。
布頁A（背面）
布片B（背面）
⑤捲針縫

2. 製作吊耳

①兩邊往中央摺疊。
6
吊耳（正面）
0.2
摺雙
②對摺後車縫。
摺雙
0.5
③對摺後，暫時車縫固定。

3. 製作本體

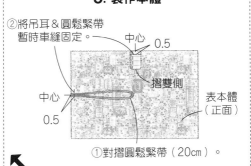

②將吊耳＆圓鬆緊帶暫時車縫固定。
中心 0.5
摺雙側
中心
0.5
表本體（正面）
①對摺圓鬆緊帶（20cm）。

裁布圖

※標示尺寸已含縫份。
※ □需於背面燙貼單膠鋪棉。

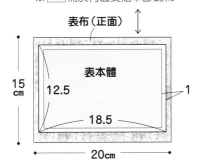

表布（正面）
表本體
15cm
12.5
18.5
20cm
1

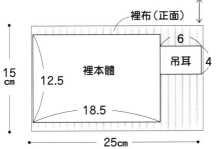

裡布（正面）
裡本體
15cm
12.5
18.5
6
吊耳
4
25cm

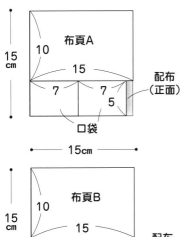

布頁A
15cm
10
15
7 7
5
配布（正面）
口袋
15cm

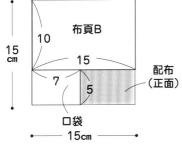

布頁B
15cm
10
15
7
5
配布（正面）
口袋
15cm

1. 製作布頁

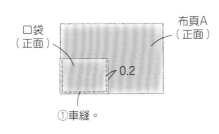

口袋（正面）
布頁A（正面）
0.2
①車縫。

※布頁B也以相同作法接縫口袋。

完成尺寸	材料
寬12×長18cm	**表布**（長纖絲光細棉布）20cm×15cm
原寸紙型	**裡布**（棉布）20cm×15cm／**配布**（棉布）30cm×40cm
無	**不織布** 5cm×5cm／**接著襯**（中薄）10cm×5cm
	單膠鋪棉 35cm×40cm／**圓繩** 粗0.5cm 160cm

---

⑨避免車縫入褶襉，車縫兩側脇邊。

表本體（背面）

1 1

⑧對摺。
⑩翻至正面。

4. 製作裡本體，與表本體對齊

②車縫。

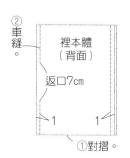

裡本體（背面）

返口7cm

1 1

①對摺。

③燙開縫份。

表本體（背面）

④表本體&裡本體正面相對疊合。

⑤車縫。

裡本體（背面）

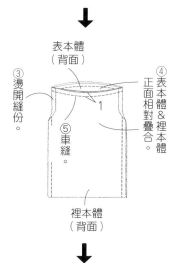

⑧將圓繩穿過穿繩通道，打結固定，再將結眼收入穿繩通道中。

⑦車縫

圓繩（160cm）

表本體（正面）

0.2

⑥翻至正面，縫合返口。

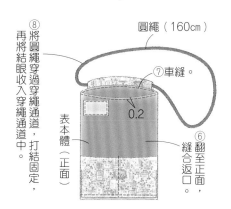

---

2. 製作穿繩通道。

①在表穿繩通道的背面燙貼接著襯。

裡穿繩通道（背面）

表穿繩通道（正面）

1

1

②車縫。

③翻至正面。

表穿繩通道（正面）

0.2 0.2

④車縫。

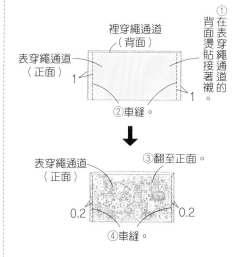

3. 製作表本體

單膠鋪棉

①於表本體的背面燙貼單膠鋪棉。

②將口袋疊放於底中心。

底中心

表口袋（正面）

0.2

1
2

表本體（正面）

③在兩側摺疊褶襉後，車縫固定。

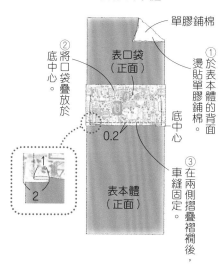

④將兩側邊暫時車縫固定。

針插（正面）

表口袋（正面）

2
2

0.2

⑥車縫。

7

9

⑤車縫分隔線。

避免車縫入褶襉，將兩側邊暫時

0.5

表本體（正面）

摺雙側

表穿繩通道（正面）

0.5 中心

⑦對摺穿繩通道，暫時車縫固定。

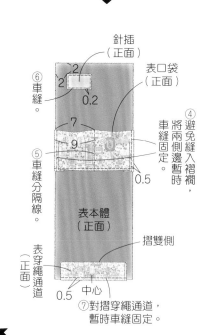

（裁布圖）

※標示尺寸已含縫份。

表・裡布（正面）
※裡布裁法亦同。

10

表・裡穿繩處 5

15cm

18

表・裡口袋 10

20cm

配布（正面）

14 14

40cm

19

表本體 裡本體

摺雙

30cm

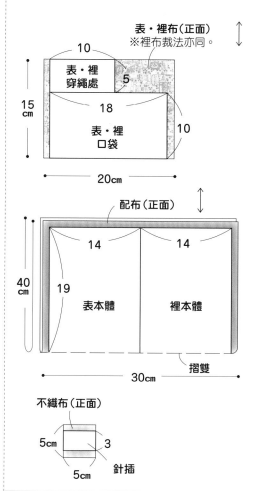

不織布（正面）

5cm 3

5cm 針插

1. 製作口袋

①於表口袋背面的完成線內燙貼單膠鋪棉。

單膠鋪棉

表口袋（背面）

1

表口袋（正面）

③車縫。

②表・裡口袋正面相對疊放。

1 1

裡口袋（背面）

表口袋（正面）

④翻至正面。

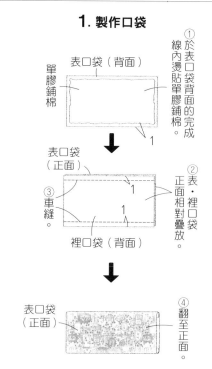

完成尺寸	材料	
寬10×長6×側身4cm	**表布**（長纖絲光細棉布）20cm×15cm	

完成尺寸
寬10×長6×側身4cm

原寸紙型
無

材料
表布（長纖絲光細棉布）20cm×15cm
配布（棉布）30cm×20cm
寬版鬆緊帶 2cm寬 50cm／**魔鬼氈** 2cm寬×2cm
羊毛 適量

P.03 _ No.03
縫紉機用針插

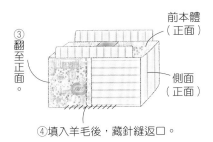

③翻至正面。

前本體（正面）

側面（正面）

④填入羊毛後，藏針縫返口。

5. 接縫束帶

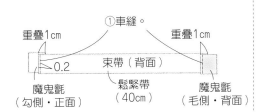

①車縫。
重疊1cm　　　　重疊1cm
0.2　束帶（背面）
魔鬼氈（勾側・正面）　鬆緊帶（40cm）　魔鬼氈（毛側・背面）

0.2　束帶（背面）
②反摺魔鬼氈，車縫固定。

後本體（正面）
③藏針縫。
4
對齊中心。
束帶（背面）

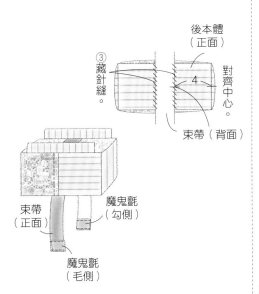

束帶（正面）
魔鬼氈（勾側）
魔鬼氈（毛側）

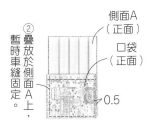

側面A（正面）
②疊放於側面A上，暫時車縫固定。
口袋（正面）
0.5

※另一片縫法亦同。

3. 製作側面

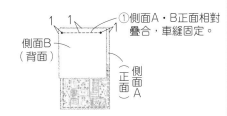

1　1
①側面A・B正面相對疊合，車縫固定。
側面B（背面）
側面A（正面）

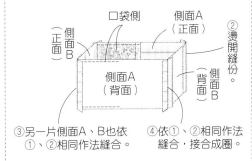

口袋側
側面B（正面）
側面A（正面）
②燙開縫份。
側面A（背面）
側面B（背面）

③另一片側面A、B也依①、②相同作法縫合。
④依①、②相同作法縫合，接合成圈。

4. 製作本體

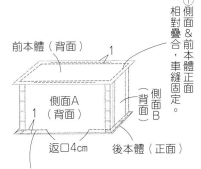

①側面＆前本體正面相對疊合，車縫固定。
前本體（背面）
1
側面A（背面）
側面B（背面）
1
返口4cm
後本體（正面）

②後本體＆側面正面相對疊合，預留返口後車縫。

裁布圖
※標示尺寸已含縫份。

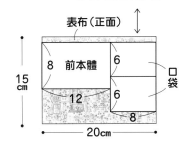

表布（正面）
15cm
8　前本體　6
12
口袋
6
8
20cm

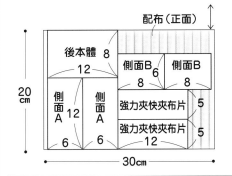

配布（正面）
20cm
後本體 8
12
側面B 6　側面B
8　　8
側面A 12　側面A
強力夾快夾布片 5
強力夾快夾布片 5
6　6　12
30cm

1. 接縫強力夾快夾布片

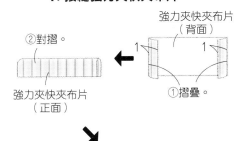

強力夾快夾布片（背面）
1　1
②對摺。
①摺疊。
強力夾快夾布片（正面）

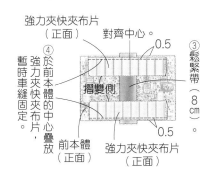

強力夾快夾布片（正面）
對齊中心。
0.5
④強力夾快夾布片暫時車縫固定。
於前本體的中心疊放
摺雙側
鬆緊帶（8cm）
前本體（正面）
0.5
強力夾快夾布片（正面）

2. 接縫口袋

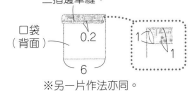

①依1cm→1cm寬度三摺邊車縫。
口袋（背面）
0.2
1
1
6

※另一片作法亦同。

71

完成尺寸
No.04：寬11×長17cm
No.05：寬9×長18cm

原寸紙型
No.04 **C面**
No.05 **A面**

材料（▨…No.04・□…No.05・■…通用）
表布（長纖絲光細棉布）30cm×25cm
裡布（平織布）30cm×25cm
配布（長纖絲光細棉布）85cm×5cm・65cm×5cm
接著襯（中厚）30cm×25cm
金屬拉鍊 10cm 1條
口金（寬8cm 高4.5cm）1個

P.04 _ No.04
荷葉邊拉鍊袋

P.04 _ No.05
荷葉邊筆袋

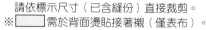

2. 對齊表本體＆裡本體（No.05）

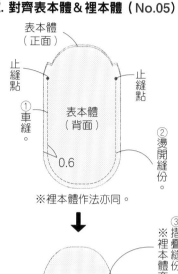

表本體（正面）
止縫點
止縫點
①車縫。
②燙開縫份。
0.6
※裡本體作法亦同。
表本體（背面）

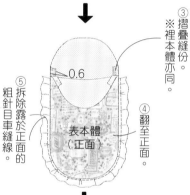

0.6
③摺疊縫份。
※裡本體亦同。
④翻至正面。
⑤拆除露於正面的粗針目車縫線。
表本體（正面）

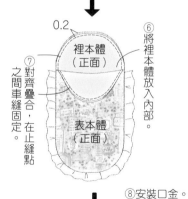

0.2
裡本體（正面）
⑥將裡本體放入內部。
⑦對齊疊合之間車縫固定，在止縫點。
表本體（正面）

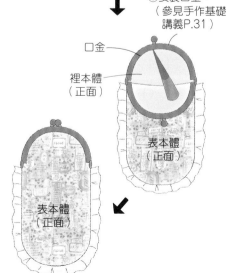

⑧安裝口金。（參見手作基礎講義P.31）
口金
裡本體（正面）
表本體（正面）
表本體（正面）

2. 對齊表本體＆裡本體（No.04）

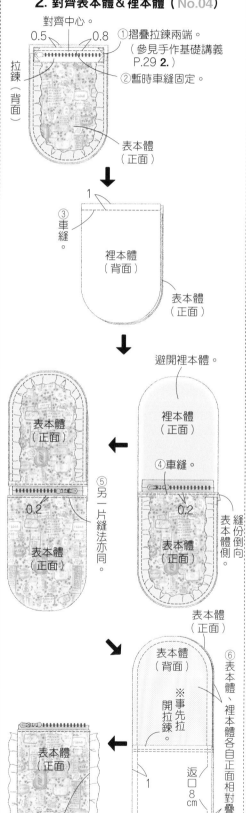

對齊中心。
0.5　0.8
①摺疊拉鍊兩端。（參見手作基礎講義P.29 **2.**）
②暫時車縫固定。
拉鍊（背面）
表本體（正面）

1
③車縫。
裡本體（背面）
表本體（正面）

表本體（正面）
④車縫。
0.2
表本體（正面）
⑤另一片縫法亦同。

避開裡本體。
裡本體（正面）
④車縫。
0.2
表本體（正面）
縫份倒向表本體側。

表本體（背面）
※事先拉開拉鍊。
返口8cm
1
表本體（正面）
裡本體（背面）
⑥表本體、裡本體各自正面相對疊合。
⑦車縫。
裡本體（正面）
⑧翻至正面，縫合返口。

裁布圖

※荷葉邊無原寸紙型。
請依標示尺寸（已含縫份）直接裁剪。
※▭需於背面燙貼接著襯（僅表布）。

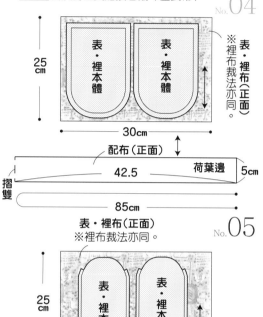

No.04
25cm
表·裡本體
表·裡本體
30cm
※表·裡布裁法亦同。
表·裡布（正面）
配布（正面）
荷葉邊
42.5　5cm
摺雙
85cm

No.05
表·裡布（正面）
※裡布裁法亦同。
25cm
表·裡本體
表·裡本體
30cm
配布（正面）
荷葉邊
31　5cm
摺雙
65cm

1. 接縫荷葉邊

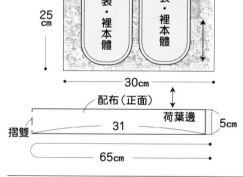

①對摺，車縫兩端。
荷葉邊（背面）
0.5　0.5
0.8　0.4
②翻至正面。
荷葉邊（正面）
③粗針目車縫。

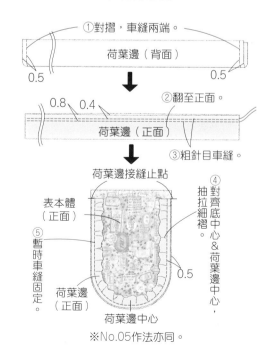

荷葉邊接縫止點
④對齊底中心＆荷葉邊中心，抽拉細褶。
表本體（正面）
⑤暫時車縫固定。
荷葉邊（正面）
0.5
荷葉邊中心
※No.05作法亦同。

完成尺寸	材料
直徑12×高21cm	表布（長纖絲光細棉布）70cm×25cm

材料

表布（長纖絲光細棉布）70cm×25cm
配布（長纖絲光細棉布）40cm×30cm／裡布（牛津布）70cm×25cm
細圓繩（打紐）粗0.5cm 80cm／單膠鋪棉（薄）70cm×25cm
樹脂拉鍊 20cm 1條／緞面緞帶 寬2.4cm 90cm
羅緞緞帶 寬2.4cm 90cm

完成尺寸
直徑12×高21cm

原寸紙型
B面

※除了表・裡底之外皆無原寸紙型，
請依標示尺寸直接裁剪。

※ □ 需於背面燙貼單膠鋪棉（僅表布）。

裁布圖

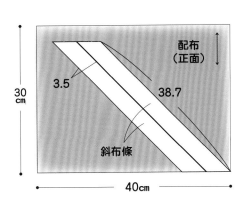

配布（正面）
3.5
38.7
斜布條
40cm
30cm

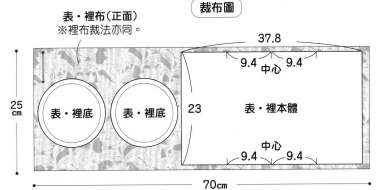

表・裡布（正面）
※裡布裁法亦同。
37.8
9.4 中心 9.4
表・裡底
表・裡底
表・裡本體
23
9.4 中心 9.4
25cm
70cm

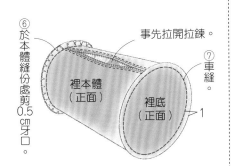

⑥於本體縫份處剪0.5cm牙口。
事先拉開拉鍊。
⑦車縫。
裡本體（正面）
裡底（正面）1

②接縫成圈後，燙開縫份，裁剪超出的部分。
0.5
③畫上四等分記號。（背面）
斜布條

⑤包夾細圓繩，車縫一圈。
斜布條（正面）
0.8
④對摺。
※另一條作法亦同。

1. 接縫拉鍊

※使用台布寬2.8cm的拉鍊。

①暫時車縫固定。 對齊中心。 0.8 0.5
拉鍊（背面）
表本體（正面）

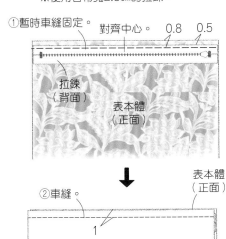

②車縫。
表本體（正面）
1
裡本體（背面）

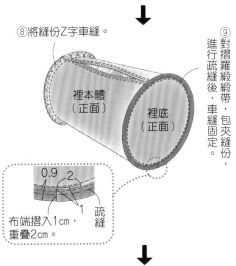

⑧將縫份Z字車縫。
裡本體（正面）
裡底（正面）

⑨對摺羅緞緞帶，包夾縫份，進行疏縫後，車縫固定。

0.9 2 1 疏縫
布端摺入1cm，重疊2cm。

3. 接縫底部

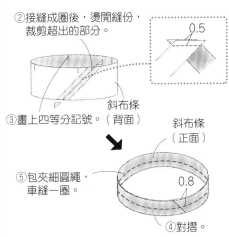

②暫時車縫固定。
0.5
①表底&裡底背面相對疊放。
裡底（背面）
表底（正面）
③將緞面緞帶對齊接縫位置，暫時車縫固定。
0.5
緞面緞帶（45cm）

⑩翻至正面，車縫。
拉鍊（正面）
0.2
裡本體（正面）
0.7 1.8
表本體（正面）
④另一側縫法亦同。

2. 製作包芯棉繩

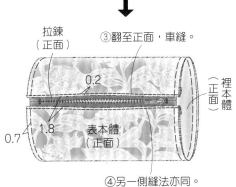

①接合成圈，以透明膠帶固定。
細圓繩（37.7cm）

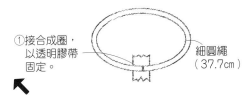

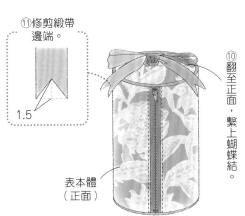

⑪修剪緞帶邊端。
1.5

⑩翻至正面，繫上蝴蝶結。

表本體（正面）

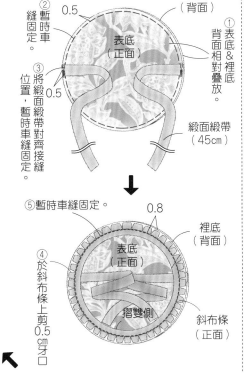

⑤暫時車縫固定。
0.8
裡底（背面）
表底（正面）
摺雙側
斜布條（正面）
④於斜布條上剪0.5cm牙口。

完成尺寸	材料
寬24×長32×側身6cm（提把28cm）	表布（長纖絲光細棉布）90cm×90cm
原寸紙型	配布（長纖絲光細棉布）70cm×40cm
無	裡布（平織布）40cm×90cm
	接著襯（極薄）75cm×90cm
	接著襯（厚）10cm×5cm／塑膠四合釦 13mm 2組

5. 接縫內口袋

①將口袋口依1.5cm→1.5cm寬度三摺邊。
②車縫。
③Z字車縫。

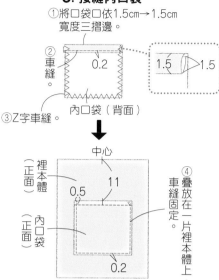

0.2
1.5 1.5
內口袋（背面）

中心
裡本體（正面）
內口袋（正面）
0.5
11
0.2
④疊放在一片裡本體上，車縫固定。

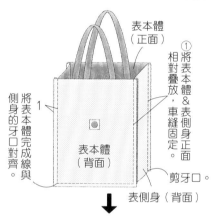

6. 製作並套疊表本體＆裡本體

表本體（正面）
①將表本體＆表側身正面相對疊放，車縫固定。
側身的牙口對齊表本體完成線與。
1
表本體（背面）
剪牙口。
表側身（背面）

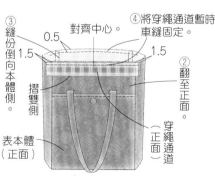

③縫份倒向本體側。
0.5
對齊中心。
1.5
④將穿繩通道暫時車縫固定。
1.5
②翻至正面。
摺雙側
表本體（正面）
穿繩通道（正面）

裡本體（正面）
裡本體（背面）
1
⑤縫法同表本體。
⑥側縫身份側到向。
返口10cm
裡側身（背面）

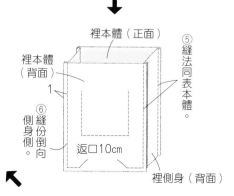

---

④車縫。
1
裡外口袋（正面）
③將裡外口袋正面相對疊放。
表外口袋（正面）

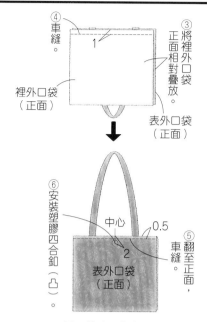

⑥安裝塑膠四合釦（凸）。
中心
0.5
2
⑤車縫。
翻至正面。
表外口袋（正面）

※另一片外口袋的作法亦同。

3. 製作表本體

②安裝塑膠四合釦（凹）。
中心
13
3
3
①燙貼接著襯（厚）。
表本體（背面）

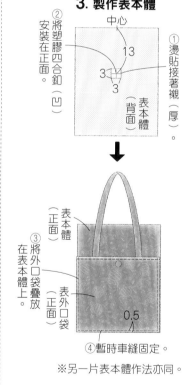

表本體（正面）
③將外口袋疊放在表本體上。
表外口袋（正面）
0.5
④暫時車縫固定。

※另一片表本體作法亦同。

4. 製作穿繩通道

①將兩端依0.7cm→0.8cm寬度三摺邊車縫。
0.7
0.8
0.2
②車縫。
0.2
穿繩通道（正面）
③對摺。

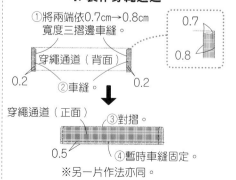

0.5
④暫時車縫固定。
※另一片作法亦同。

※標示尺寸已含縫份。
※ ▭ 需於背面燙貼極薄接著襯。
※於合印｜剪0.8cm牙口。

表布（正面）
90cm
8
表側身
表本體 33
表外口袋 23
10 10
提把 30
提把
32
44
26
26
摺雙
90cm

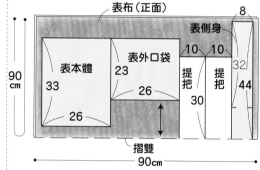

裡布（正面）
8
裡本體 33
裡側身
40cm
裡本體 26
90cm
裡本體 33
88
32
19
17
內口袋
摺雙
40cm

配布（正面）
26
裡外口袋 23
30
穿繩通道 7
3.5
3.5
摺雙
35
束口繩
70cm

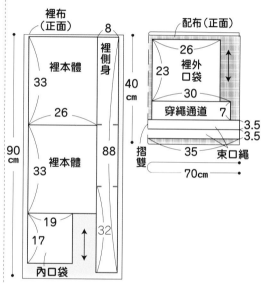

1. 製作提把

①於背面燙貼極薄接著襯。
10
5
提把（背面）

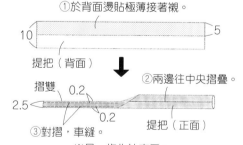

摺雙
0.2
2.5
0.2
②兩邊往中央摺疊。
提把（正面）
③對摺，車縫。

※另一條作法亦同。

2. 製作外口袋

①暫時車縫固定。
中心
1.5
3
3
0.5
中心
4 4
②燙貼厚接著襯。
表外口袋（背面）

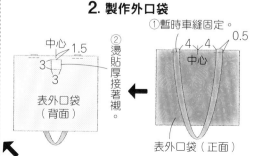

表外口袋（正面）

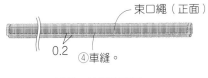
束口繩（正面）
0.2
④車縫。

※另一片縫法亦同。

口布（正面）
束口繩穿法

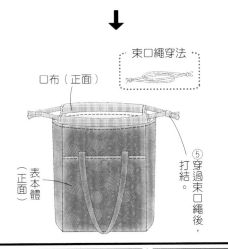
表本體
（正面）
⑤打結。
穿過束口繩後，

7. 製作束口繩，穿進穿繩通道

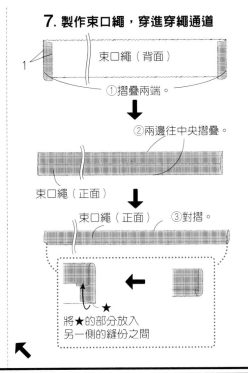
束口繩（背面）
1
①摺疊兩端。

②兩邊往中央摺疊。

束口繩（正面）

束口繩（正面）
③對摺。

★
將★的部分放入
另一側的縫份之間

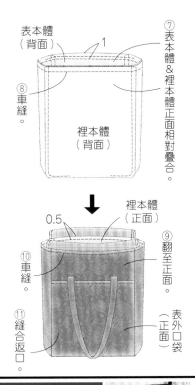
表本體（背面）
1
⑦表本體＆裡本體正面相對疊合。
⑧車縫。
裡本體（背面）

0.5
裡本體（正面）
⑩車縫。
⑪縫合返口。
⑨翻至正面。
表外口袋（正面）

完成尺寸	材料	P.17 _ No.25
寬16×長18cm	表布（平織布）40cm×25cm	水果束口袋
原寸紙型	裡布（平織布）40cm×25cm	
C面	配布（不織布）15cm×15cm	
	圓繩 粗0.5cm 100cm	

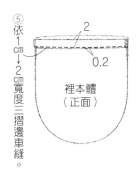
⑤依1cm→2cm寬度三摺邊車縫。
2
0.2
裡本體（正面）

2.穿入束口繩

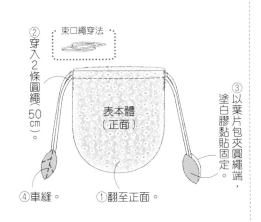
②穿入2條圓繩（50cm）。
束口繩穿法
表本體（正面）
③以葉片包夾圓繩端，塗白膠黏貼固定。
④車縫。
①翻至正面。

1. 製作本體

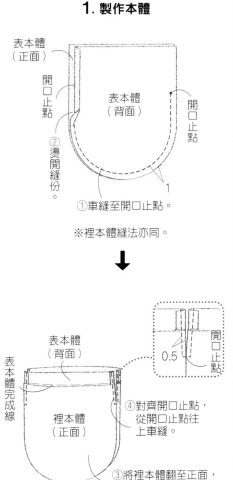
表本體（正面）
開口止點
②燙開縫份。
開口止點
表本體（背面）
1
①車縫至開口止點。

※裡本體縫法亦同。

0.5
開口止點
表本體（背面）
④對齊開口止點，從開口止點往上車縫。
表本體完成線
裡本體（正面）
③將裡本體翻至正面，表本體放進內部。

裁布圖

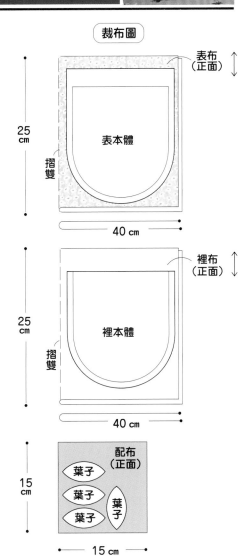
表布（正面）
25cm
表本體
摺雙
40cm

裡布（正面）
25cm
裡本體
摺雙
40cm

15cm
配布（正面）
葉子
葉子
葉子
葉子
15cm

完成尺寸	材料
寬10×長8×高6.5cm	表布（長纖絲光細棉布）15cm×25cm
	配布（長纖絲光細棉布）30cm×10cm
原寸紙型	裡布（長纖絲光細棉布）30cm×35cm
A面	接著襯（厚不織布）30cm×35cm／單膠鋪棉（薄）30cm×35cm
	聚脂不織布 10cm×5cm
	盒型口金（寬10cm 高8cm）1個

3. 製作流蘇

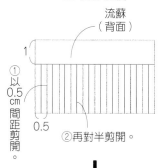

- 流蘇（背面）
- ①以0.5cm間距剪開。
- 0.5
- ②再對半剪開。
- 1

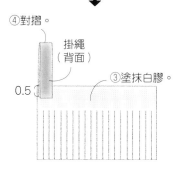

- ④對摺。
- 掛繩（背面）
- 0.5
- ③塗抹白膠。

- ⑤纏繞後黏貼。

※製作2個。

4. 套疊表本體 & 裡本體

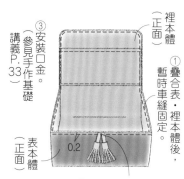

- 裡本體（正面）
- ③安裝口金（參見手作基礎講義P.33）
- ①疊合表·裡本體後，暫時車縫固定。
- 表本體（正面）
- 0.2
- ②以接著劑將2個流蘇黏於中心處。

1. 接縫口袋

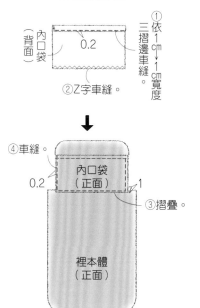

- 內口袋（背面）
- 0.2
- ①依1cm→1cm寬度三摺邊車縫。
- ②Z字車縫。

- ④車縫。
- 內口袋（正面）
- 0.2
- 1
- ③摺疊。
- 裡本體（正面）

2. 縫合本體 & 側身

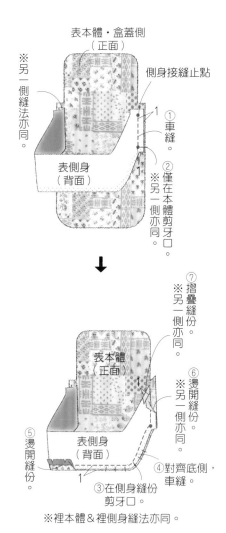

- 表本體·盒蓋側（正面）
- ※另一側縫法亦同。
- 側身接縫止點
- 1
- ①車縫。
- 表側身（背面）
- 1
- ②僅在本體剪牙口。
- ※另一側亦同。

- ⑦摺疊縫份。
- ※另一側亦同。
- 表本體（正面）
- ⑥燙開縫份。
- ※另一側亦同。
- ⑤燙開縫份。
- 表側身（背面）
- 1
- ④對齊底側，車縫。
- ③在側身縫份剪牙口。

※裡本體 & 裡側身縫法亦同。

裁布圖

※內口袋、掛繩、流蘇無原寸紙型，請依標示尺寸（已含縫份）直接裁剪。
※▨需於全體背面燙貼接著襯。
　□在其上方再燙貼單膠鋪棉（縫份處不燙貼）。

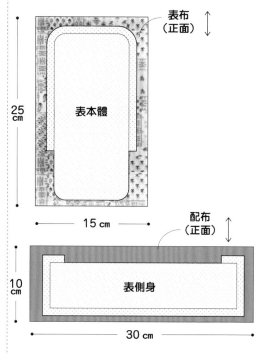

- 表布（正面）
- 表本體
- 25cm
- 15cm
- 配布（正面）
- 表側身
- 10cm
- 30cm

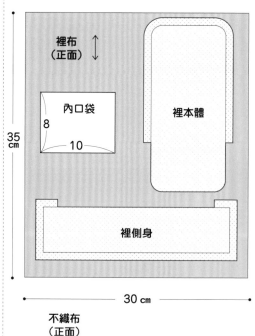

- 裡布（正面）
- 內口袋
- 8
- 10
- 裡本體
- 35cm
- 裡側身
- 30cm

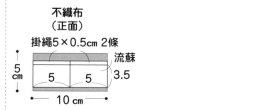

- 不織布（正面）
- 掛繩5×0.5cm 2條
- 流蘇
- 5cm
- 5
- 5
- 3.5
- 10cm

76

材料
表布（長纖絲光細棉布）
　　寬（身片寬×2）×長（身片）
開襟衫、毛線衣等 1件

P.07 _ No. **10**
LIBERTY 針織背心

P.08 _ No. **12**
LIBERTY 開襟衫

No.10

No.12

【肩部・脇邊】

①本體的縫份倒向後身片側，調低前身片。

②將布片鑲嵌於已調低的本體上，以珠針固定布片，藏針縫。

將布片的四周全部藏針縫，完成。

---

2. 藏針縫於本體上

①縫份（0.5cm）一律摺往背面側。

②挑縫本體，重複從表布的褶山處出針，藏針縫於本體上。

【下襬】

①因表布下襬比本體下襬略長，請均等地放入鬆度，以珠針固定。

②接縫下襬時，一邊拉長本體下襬，一邊藏針縫。

---

1. 製作紙型

複寫線

①肩部＆脇邊沿針趾摺疊，避免本體拉長、起皺，請保持平放。

②將薄紙（或布片）貼放於前身片上，以鉛筆複寫去除袖口的前身片輪廓，製作紙型。

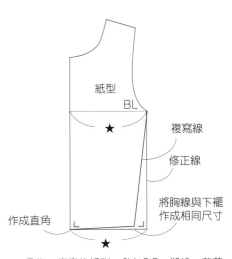

紙型

BL

★

複寫線

修正線

將胸線與下襬作成相同尺寸

作成直角

★

③修正複寫的紙型。外加0.5cm縫份，裁剪表布。

平版電腦包

完成尺寸
寬31×長21cm
（提把25cm）

原寸紙型
A面

材料
表布（長纖絲光細棉布）70cm×45cm
裡布（平織布）70cm×45cm／**單膠鋪棉**（薄）70cm×25cm
接著襯（極薄）60cm×20cm／**皮帶** 4cm 寬55cm
樹脂拉鍊 30cm 2條／**D型環** 15mm 2個

4. 製作提把＆吊耳

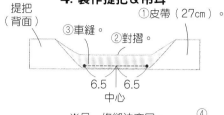
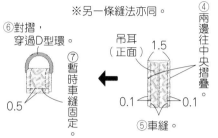

①皮帶（27cm）。
③車縫。
②對摺。
6.5　6.5　中心
※另一條縫法亦同。
④兩邊往中央摺疊
⑥對摺，穿過D型環。
⑦暫時車縫固定。
吊耳（正面）1.5
0.1　0.1
⑤車縫。
0.5

5. 製作本體

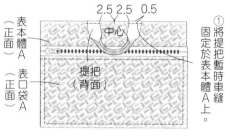
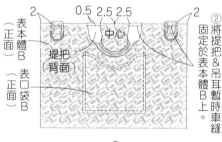
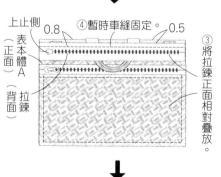
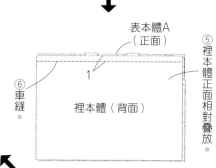

2.5 2.5 0.5 中心
①將提把暫時車縫固定於表本體A上。
②將提把＆吊耳暫時車縫固定於表本體B上。
0.5 2.5 2.5
④暫時車縫固定。0.8 0.5
③將拉鍊正面相對疊放。
⑤裡本體正面相對疊放。
⑥車縫。
1

2. 製作口袋B

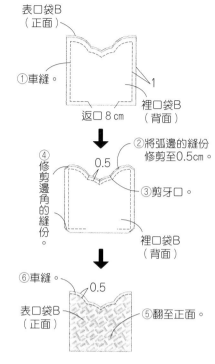

①車縫。
返口 8cm
②將弧邊的縫份修剪至0.5cm。
④修剪邊角的縫份。0.5
③剪牙口。
⑥車縫。0.5
⑤翻至正面。

3. 接縫口袋

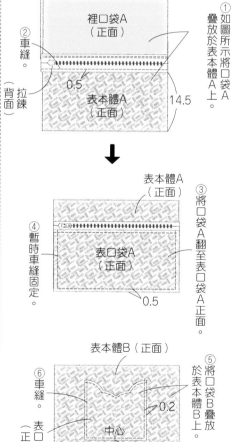

①如圖所示將口袋A疊放於表本體A上。
②車縫。0.5 14.5
③將口袋A翻至表口袋A正面。
④暫時車縫固定。
⑤將口袋B疊放於表本體B上。
⑥車縫。0.2　中心　3

裁布圖
※除了表・裡口袋B之外皆無原寸紙型，請依標示尺寸（已含縫份）直接裁剪。
※▨ 需於背面燙貼接著襯。
※□ 需於背面燙貼單膠鋪棉。

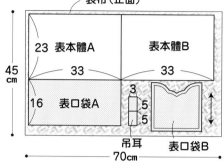
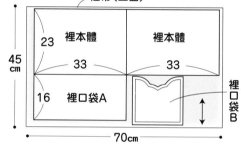

表布（正面）
23 表本體A　表本體B
45cm 33　33
16 表口袋A　3 5 5
吊耳　表口袋B
70cm

裡布（正面）
23 裡本體　裡本體
45cm 33　33
16 裡口袋A　裡口袋B
70cm

1. 製作口袋A

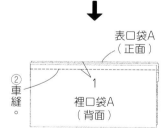
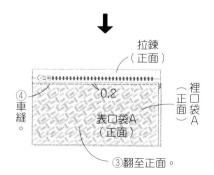

①暫時車縫固定。0.8 對齊中心。0.5
上止側
②車縫。1
③翻至正面。
④車縫。0.2

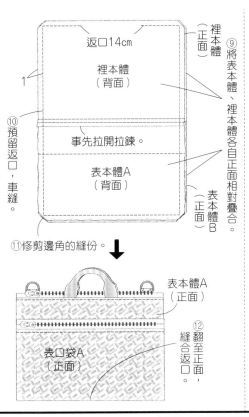

返口14cm

裡本體（背面）

⑨將表本體、裡本體各自正面相對疊合。

裡本體（正面）

事先拉開拉鍊。

表本體A（背面）

1

⑩預留返口，車縫。

表本體A（正面）

表本體B（正面）

⑪修剪邊角的縫份。

⬇

表本體A（正面）

表口袋A（正面）

⑫翻至正面，縫合返口。

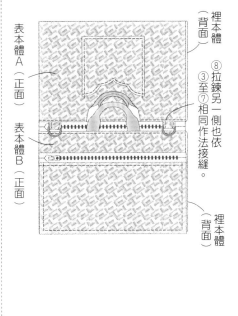

裡本體（背面）

表本體A（正面）

⑧拉鍊另一側也依③至⑦相同作法接縫。

表本體B（正面）

裡本體（背面）

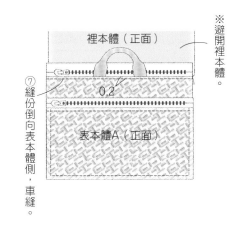

裡本體（正面）

0.2

表本體A（正面）

⑦縫份倒向表本體側，車縫。

※避開裡本體。

完成尺寸	材料	P.14 _ No. 15
寬約19×長約12cm	表布（平織布）20cm×15cm	**口罩套**
原寸紙型	配布（W紗布）55cm×20cm	
C面		

③暫時車縫固定。

0.5

脇布（正面）

表本體（正面）

脇布（正面）

1

摺雙側　摺雙側

⬇

表本體（正面）

裡本體（背面）

④車縫。

1

⬇

⑤翻至正面。

0.2

※另一側亦同。

⑥返口摺入1cm藏針縫。

表本體（正面）

脇布（正面）

⑦車縫。

1. 製作脇布

②翻至正面。

脇布（正面）

①對摺。

脇布（背面）

1

※另一片縫法亦同。

2. 製作本體

表本體（正面）

①車縫。

表本體（正面）

1

⬇

②燙開縫份。

表本體（背面）

表本體（背面）

※裡本體縫法亦同。

裁布圖

表布（正面）

15cm

脇布

摺雙

20cm

配布（正面）

20cm

表・裡本體　表・裡本體

摺雙

55cm

完成尺寸	材料	
直徑15×高20cm	表布（長纖絲光細棉布）60cm×50cm	P.07 _ No.11
	裡布（細平布）105cm×25cm	
原寸紙型	單膠鋪棉（薄）70cm×25cm	**水桶形小肩包**
A面	接著襯（極薄）50cm×10cm／D型環 15mm 2個	
	蠟繩 粗0.2cm 140cm	

※除了表・裡底之外皆無原寸紙型，
　請依標示尺寸（已含縫份）直接裁剪。
※ ▨ 需於背面燙貼接著襯，▢ 需於背面燙貼單膠鋪棉。 ※ ┃表示需畫記合印記號。

裁布圖

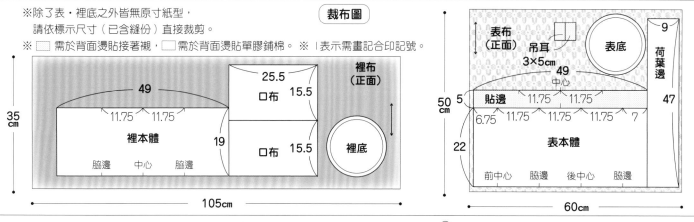

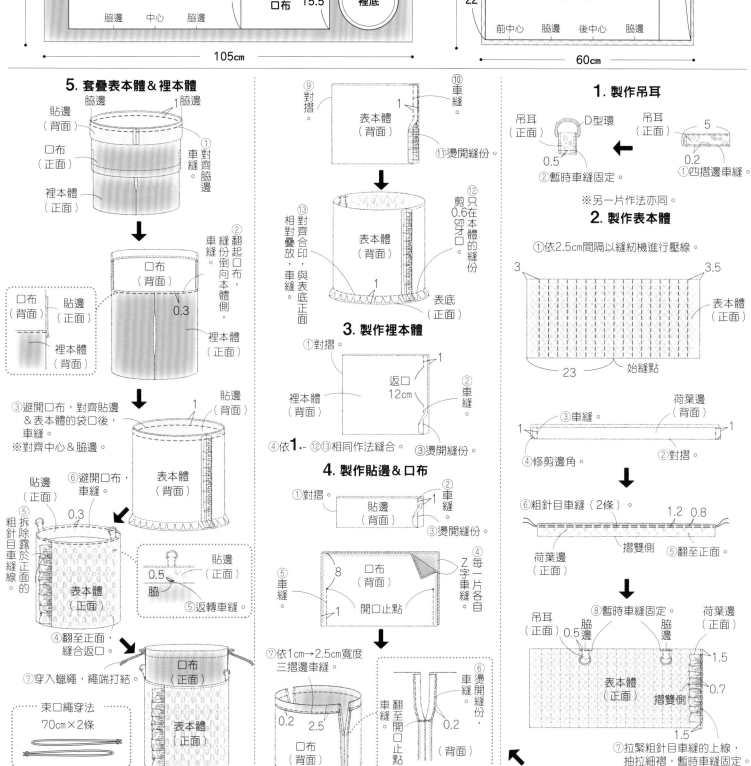

5. 套疊表本體＆裡本體

3. 製作裡本體

4. 製作貼邊＆口布

1. 製作吊耳

2. 製作表本體

80

完成尺寸	材料
寬9×長8×高3.5cm	表布（亞麻布）35cm×35cm／配布（棉布）10cm×10cm

完成尺寸
寬9×長8×高3.5cm

原寸紙型
A面

材料
表布（亞麻布）35cm×35cm／配布（棉布）10cm×10cm
接著襯（薄）35cm×20cm／接著襯（厚）10cm×10cm
單膠鋪棉 15cm×10cm／雙膠鋪棉 10cm×10cm
羊毛 適量

屋形針插

裁布圖

※ 需於背面燙貼薄接著襯。
（僅表底＆表側）

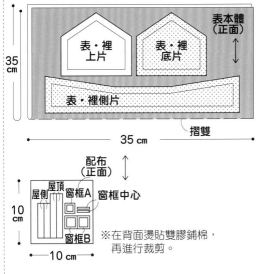

表本體（正面）

35 cm

表・裡 上片　表・裡 底片

表・裡 側片

摺雙

35 cm

配布（正面）

10 cm

屋側　屋頂　窗框A　窗框中心

窗框B

10 cm

※在背面燙貼雙膠鋪棉，再進行裁剪。

---

1. 製作側片

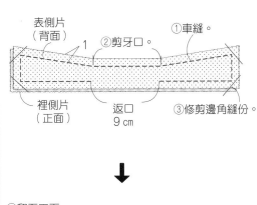

表側片（背面）
裡側片（正面）
①車縫。
②剪牙口。
③修剪邊角縫份。
返口 9 cm

④翻至正面。
表側片（正面）
⑤藏針縫返口。

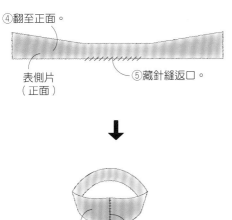

表側片（正面）
⑥對接後，藏針縫。

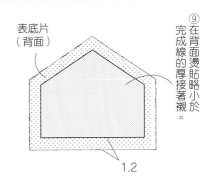

⑨在背面燙貼略小於完成線的厚接著襯。

表底片（背面）

1.2

⑩依⑥至⑧相同作法縫製。

↓

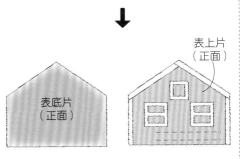

表底片（正面）

表上片（正面）

⑪翻至正面。

---

3. 對齊上片・底片・側片

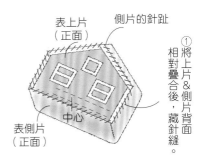

表上片（正面）
側片的針趾
表側片（正面）
中心

①將上片＆側片背面相對疊合後，藏針縫。

②將底片＆側片背面相對疊合後，藏針縫。
※預留脇邊不縫合。

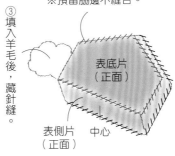

③填入羊毛後，藏針縫。

表底片（正面）
表側片（正面）　中心

---

2. 製作上片＆底片

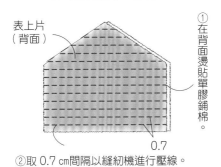

表上片（背面）

①在背面燙貼單膠鋪棉。

0.7

②取 0.7 cm 間隔以縫紉機進行壓線。

↓

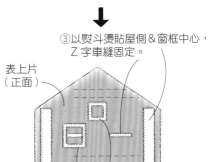

③以熨斗燙貼屋側＆窗框中心，Z 字車縫固定。

表上片（正面）

④以熨斗燙貼窗框 A・B，Z 字車縫固定。

↓

⑤以熨斗燙貼屋頂，Z 字車縫固定。

表上片（正面）

↓

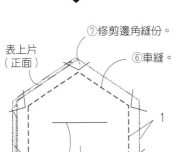

⑦修剪邊角縫份。
表上片（正面）
⑥車縫。
1
⑧剪開返口。
裡上片（背面）

完成尺寸	材料
長11×寬20cm	表布（平織布）25cm×30cm
	配布（平織布）60cm×25cm
原寸紙型	
無	

口罩收納包

3. 縫合脇邊

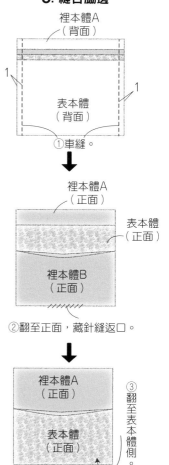

裡本體A（背面）

1

表本體（背面）

1

①車縫。

↓

裡本體A（正面）

表本體（正面）

裡本體B（正面）

②翻至正面，藏針縫返口。

↓

裡本體A（正面）

③翻至表本體側。

表本體（正面）

2. 沿完成線摺疊

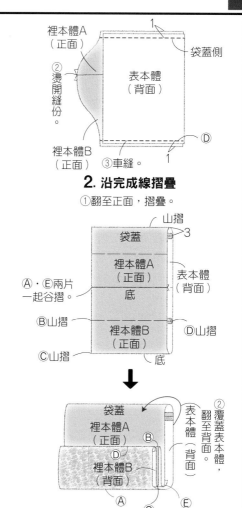

裡本體A（正面）

1

②燙開縫份。

袋蓋側

表本體（背面）

裡本體B（正面）

③車縫。

D

1

①翻至正面，摺疊。

袋蓋

山摺 3

裡本體A（正面）

底

表本體（背面）

Ⓐ・Ⓔ兩片一起谷摺。

Ⓑ山摺

裡本體B（正面）

Ⓓ山摺

Ⓒ山摺

底

↓

袋蓋

裡本體A（正面）

Ⓑ

Ⓓ

裡本體B（背面）

②覆蓋表本體，翻至背面。

表本體（背面）

Ⓐ　Ⓒ　Ⓔ

裁布圖

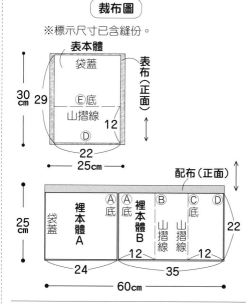

※標示尺寸已含縫份。

表本體

袋蓋

30cm　29

Ⓔ底

山摺線

Ⓓ

12

22

25cm

表布（正面）

配布（正面）

25cm

袋蓋 / 裡本體A / Ⓐ底 / Ⓐ底 / 裡本體B / Ⓑ / Ⓒ底 / Ⓓ

山摺線　山摺線

24　12　12

35

60cm

22

1. 縫合本體

裡本體B（正面）

裡本體A（背面）

Ⓐ

①車縫。

返口 7cm

1

完成尺寸	材料
寬4.5×長10cm	表布（平織布）20cm×15cm
	裡布（平織布）20cm×15cm
原寸紙型	接著襯（厚）20cm×15cm
C面	魔鬼氈 2cm寬4cm

收線套

2. 接縫魔鬼氈

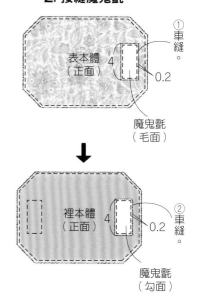

表本體（正面）

4

①車縫。

0.2

魔鬼氈（毛面）

↓

裡本體（正面）

4

0.2

②車縫。

魔鬼氈（勾面）

（裡本體）

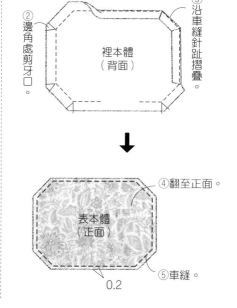

②邊角處剪牙口。

裡本體（背面）

③沿車縫針趾摺疊。

↓

④翻至正面。

表本體（正面）

0.2

⑤車縫。

裁布圖

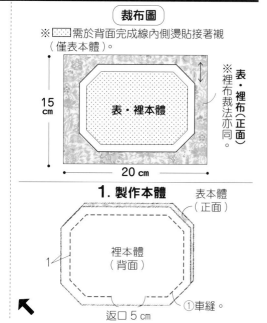

※ ▨ 需於背面完成線內側燙貼接著襯（僅表本體）。

15cm

表・裡本體

20cm

表・裡布（正面）

※裡布裁法亦同。

1. 製作本體

表本體（正面）

裡本體（背面）

1

①車縫。

返口 5cm

完成尺寸	材料
寬21×長10×側身12cm	**表布**（平織布）70cm×40cm
	裡布（平織布）70cm×40cm
原寸紙型	**單膠鋪棉** 70cm×40cm／**接著襯**（厚）70cm×80cm
C面	**磁鐵** 3cm×3cm 1組

P.14 _ No.17
口罩收納布盒

3. 套疊表本體&裡本體

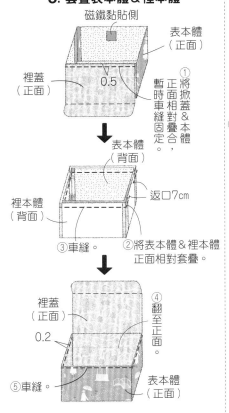

磁鐵黏貼側
表本體（正面）
裡蓋（正面）
0.5
①將掀蓋正面相對疊合&本體暫時車縫固定，
表本體（背面）
返口7cm
裡本體（背面）
③車縫。
②將表本體&裡本體正面相對套疊。
裡蓋（正面）
0.2
④翻至正面。
⑤車縫。
表本體（正面）

1. 製作掀蓋

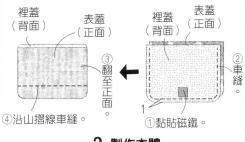

裡蓋（背面）
表蓋（正面）
裡蓋（背面）
表蓋（正面）
③翻至正面。
②車縫。
1
④沿山摺線車縫。
①黏貼磁鐵。

2. 製作本體

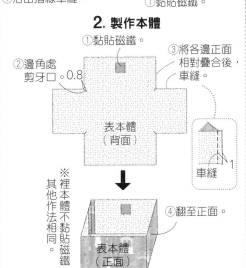

①黏貼磁鐵。
②邊角處剪牙口。0.8
③將各邊正面相對疊合後，車縫。
表本體（背面）
車縫 1
※裡本體不黏貼磁鐵，其他作法相同。
④翻至正面。
表本體（正面）

裁布圖

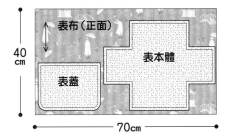

※在背面的完成線內燙貼單膠鋪棉，再在其上方至縫份處燙貼接著襯。

表布（正面）
40cm
表蓋
表本體
70cm

※在背面燙貼接著襯。

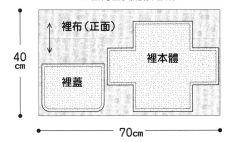

裡布（正面）
40cm
裡蓋
裡本體
70cm

完成尺寸	材料
寬34×長26×側身29cm（不含吊耳）	**表布**（平織布）140cm×50cm
	配布（平織布）65cm×25cm
原寸紙型	
無	

P.16 _ No.24
拷克機防塵套

3. 接縫口袋

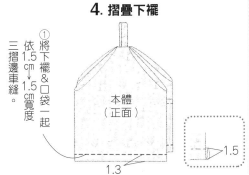

本體（正面）
吊耳（正面）
脇線
對齊中心。
①依1cm→1cm寬度三摺邊車縫。
1
口袋（正面）
②摺疊。
③對齊下襬。
④車縫。
口袋（正面）0.8
※另一片縫法亦同。

4. 摺疊下襬

①將下襬&口袋一起三摺邊車縫。
依1.5cm→1.5cm寬度
本體（正面）
1.5
1.3

2. 製作本體

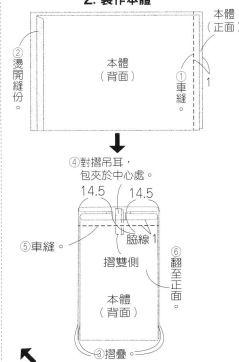

本體（背面）
②燙開縫份。
①車縫。1
本體（背面）
④對摺吊耳，包夾於中心處。
14.5　14.5
⑤車縫。
脇線1
摺雙側
⑥翻至正面。
本體（背面）
③摺疊。

裁布圖

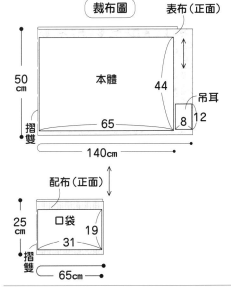

表布（正面）
50cm
本體
65
44
吊耳 8 12
摺雙
140cm

配布（正面）
25cm
口袋 19
31
摺雙
65cm

1. 製作吊耳

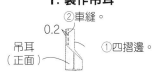

②車縫。
0.2
吊耳（正面）
①四摺邊。

完成尺寸	材料
寬11.5×長18cm	表布（平織布）45cm×25cm／裡布（棉布）45cm×25cm
原寸紙型	配布（合成皮）5cm×5cm／接著襯（薄）45cm×25cm
C面	皮革框口金（寬10cm高5cm）1個
	金屬拉鍊 10cm 1條／金屬四合釦 1cm 1組

口金錢包

4. 套疊表本體＆裡本體

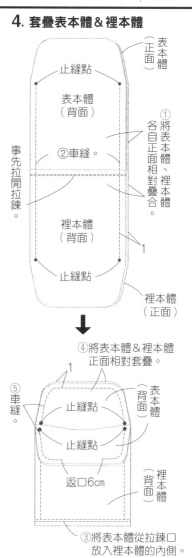

表本體（正面）

止縫點

表本體（背面）

①將表本體、裡本體各自正面相對疊合。

②車縫。

事先拉開拉鍊。

裡本體（背面）

止縫點

1

裡本體（正面）

④將表本體＆裡本體正面相對套疊。

1

⑤車縫。

止縫點

表本體（背面）

止縫點

返口6cm

裡本體（背面）

③將表本體從拉鍊口放入裡本體的內側。

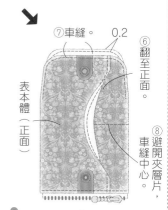

⑦車縫。 0.2

⑥翻至正面。

表本體（正面）

⑧避開夾層片，車縫中心。

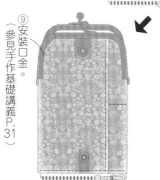

⑨安裝口金。（參見手作基礎講義P.31）

釦絆（正面）（凹）

表夾層片（正面）

③將夾層片疊放在一片表本體放在一片表本體上。

0.5

表本體（正面）

④將釦絆疊放在接縫位置上，暫時車縫固定。

釦絆（凸）（正面）

3. 接縫拉鍊

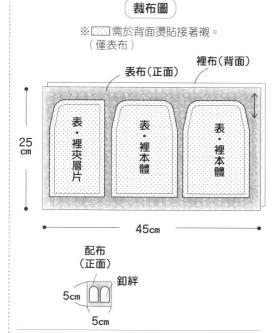

表本體（正面）

①疊放拉鍊，暫時車縫固定。

（背面）拉鍊

對齊中心。 0.5

表本體（正面）

裡本體（背面）

②與裡本體正面相對疊放後，車縫。 0.7

表夾層片（正面）

0.2

③縫份倒向表本體側，車縫。

避開裡本體。

裡本體（正面）

表夾層片（正面）

④另一側縫法亦同。

0.2

表本體（正面）

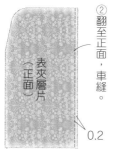

（裁布圖）

※▨ 需於背面燙貼接著襯。（僅表布）

裡布（背面）

表布（正面）

25cm

表・裡夾層片

表・裡本體

表・裡本體

45cm

配布（正面）

釦絆

5cm

5cm

1. 將金屬四合釦安裝於釦絆上

凹側　　凸側

於安裝位置上裝上金屬四合釦。

2. 製作鈔票夾層

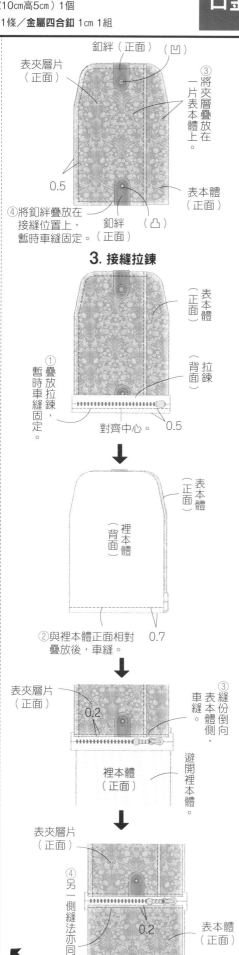

表夾層片（正面）

裡夾層片（背面）

①將表・裡夾層片正面相對疊放後，車縫。

1

②翻至正面，車縫。

表夾層片（正面）

0.2

84

完成尺寸
寬45×長56cm

原寸紙型
C面

材料
表布（平織布）110cm×95cm
皮革　50cm×5cm
D型環　30mm 4個

P.15_ No.20
吾妻袋

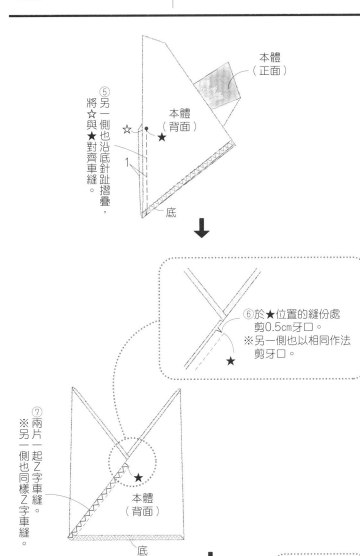

⑤將☆與★對齊車縫。另一側也沿底針趾摺疊，

本體（正面）

本體（背面）

☆　★

1

底

⑥於★位置的縫份處剪0.5cm牙口。
※另一側也以相同作法剪牙口。

★

⑦兩片一起Z字車縫。
※另一側也同樣Z字車縫。

★

本體（背面）

底

0.5　0.5
0.1

⑧縫份倒向右側。
※另一側亦同。

本體（背面）

⑨依0.5cm三摺邊車縫0.5cm寬度

⑩翻至正面。

2. 製作皮帶

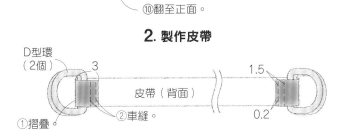

D型環（2個）
3
1.5
皮帶（背面）
0.2
①摺疊
②車縫。

裁布圖

※皮帶無原寸紙型，請依標示尺寸（已含縫份）直接裁剪。

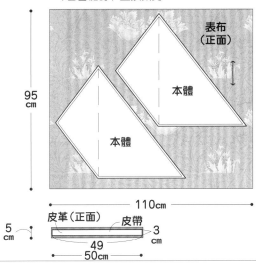

表布（正面）

本體

95cm

本體

110cm

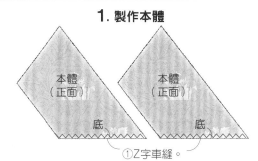

皮革（正面）　皮帶

5cm

49
50cm
3cm

1. 製作本體

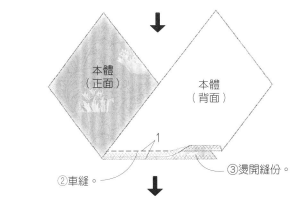

本體（正面）　本體（正面）

底　底

①Z字車縫。

本體（正面）

本體（背面）

1

②車縫。　③燙開縫份。

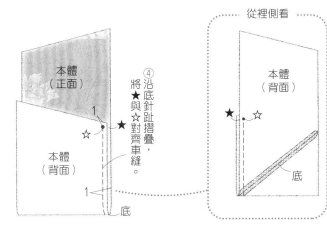

本體（正面）

1

☆　★

本體（背面）

底

1

底

④將★與☆對齊車縫。沿底針趾摺疊，

從裡側看

本體（背面）

★　☆

底

完成尺寸	材料	
寬53×長77cm	表布（平織布）70cm×85cm	

原寸紙型
無

P.16 _ No.22
縫紉機防塵套

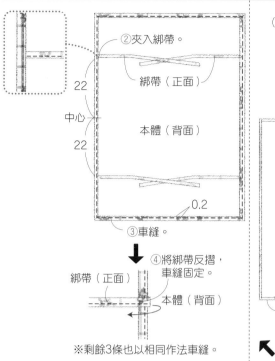

②夾入綁帶。

綁帶（正面）

22

中心

22

本體（背面）

0.2

③車縫。

④將綁帶反摺，車縫固定。

綁帶（正面）

本體（背面）

※剩餘3條也以相同作法車縫。

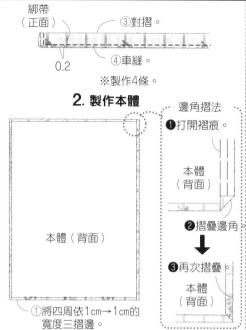

綁帶（正面）

③對摺。

0.2

④車縫。

※製作4條。

2. 製作本體

邊角摺法
❶打開褶痕。

本體（背面）

❷摺疊邊角

❸再次摺疊

本體（背面）

本體（背面）

①將四周依1cm→1cm的寬度三摺邊。

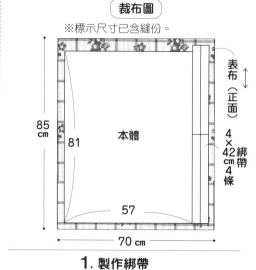

（裁布圖）

※標示尺寸已含縫份。

85cm　81

本體

4×42綁帶4條

57

70 cm

1. 製作綁帶

表布（正面）　①兩邊往中央摺疊。

1

②摺疊。

完成尺寸	材料	
寬21×長14×側身4cm	表布（平織布）50cm×50cm	
	魔鬼氈 寬2.5cm 4cm	

原寸紙型
無

P.16 _ No.23
踏板收納袋

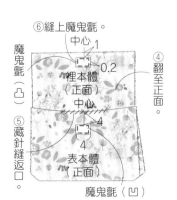

③燙開縫份，車縫袋口處。

表本體（背面）

返口7cm

裡本體（背面）

⑥縫上魔鬼氈。

魔鬼氈（凸）

中心 1

裡本體（正面）

0.2

中心

4

4

⑤藏針縫返口

表本體（正面）

魔鬼氈（凹）

④翻至正面。

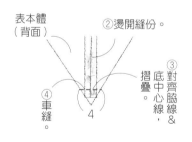

表本體（背面）

②燙開縫份。

③對齊脇線＆底中心線，摺疊。

④車縫

4

※另一側＆裡本體縫法亦同。

2. 套疊表本體＆裡本體

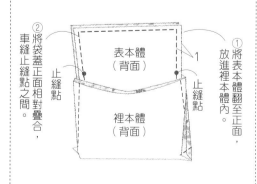

②將袋蓋正面相對疊合，車縫止縫點之間。

表本體（背面）

止縫點

裡本體（背面）

①將表本體翻至正面，放進裡本體內。

1

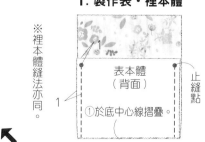

（裁布圖）

※標示尺寸已含縫份。
※於 | 處添加合印記號。

袋蓋　11

止縫點

表・裡本體

底中心線

50cm　44

17

23

摺雙

袋口

50 cm

1. 製作表・裡本體

※裡本體縫法亦同。

表本體（背面）

1

止縫點

①於底中心線摺疊。

86

完成尺寸	材料（1件）
直徑8cm	表布（薄棉布）20cm×10cm
原寸紙型	皮帶 寬0.3cm 8cm
A面	羊毛 適量

南瓜針插

1. 製作本體

①以表布裁剪2片本體。

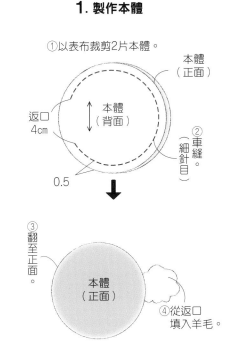

本體（正面）

②車縫。（細針目）

返口 4cm

0.5

本體（背面）

③翻至正面。

④從返口填入羊毛。

本體（正面）

2. 渡線

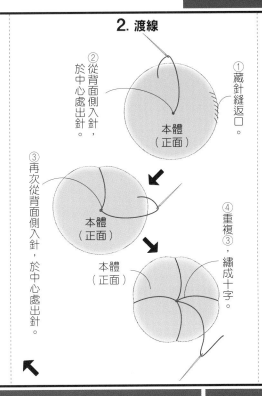

①藏針縫縫返口。

②從背面側入針，於中心處出針。

本體（正面）

③再次從背面側入針，於中心處出針。

本體（正面）

④重複，繡成十字。

本體（正面）

⑤依相同作法，斜向渡4條線。

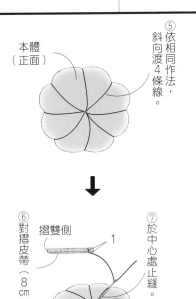

本體（正面）

⑥對摺皮帶（8cm）。

摺雙側

1

⑦於中心處止縫。

本體（正面）

完成尺寸	材料
寬8×長14×側身 8cm	表布（平織布）25cm×35cm
原寸紙型	裡布（亞麻布）35cm×35cm
無	接著襯（中薄）25cm×25cm
	金屬拉鍊 20cm 1條

牛奶糖波奇包

3. 製作本體

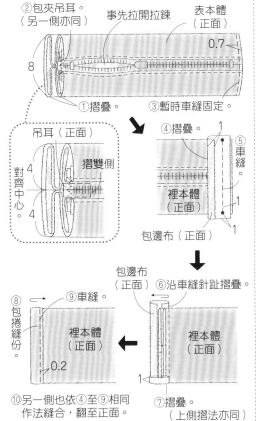

②包夾吊耳。（另一側亦同）

事先拉開拉鍊

表本體（正面）

8

0.7

①摺疊。

③暫時車縫固定。

吊耳（正面）

摺雙側

對齊中心。

4

4

④摺疊。

1

⑤車縫。

裡本體（正面）

包邊布（正面）

1

1

⑥沿車縫針趾摺疊。

包邊布（正面）

裡本體（正面）

1

⑦摺疊。（上側摺法亦同）

⑧包捲縫份。

⑨車縫。

裡本體（正面）

0.2

⑩另一側也依④至⑨相同作法縫合，翻至正面。

2. 接縫拉鍊

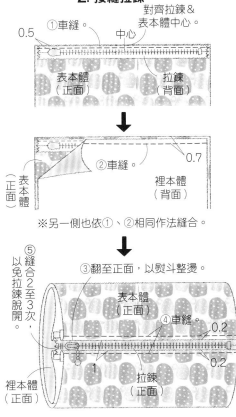

①車縫。

0.5

中心

對齊拉鍊&表本體中心。

表本體（正面）

拉鍊（背面）

②車縫。

0.7

表本體（正面）

裡本體（背面）

※另一側也依①、②相同作法縫合。

③翻至正面，以熨斗整燙。

表本體（正面）

④車縫。

0.2

0.2

裡本體（正面）

1

拉鍊（正面）

⑤縫合2至3次，以免拉鍊脫開。

裁布圖

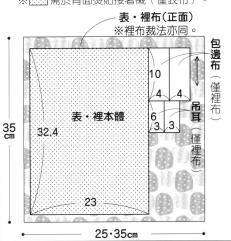

※標示尺寸已含縫份。

※ ▨ 需於背面燙貼接著襯（僅表布）。

表・裡布（正面）
※裡布裁法亦同。

包邊布（僅裡布）

10

4 4

表・裡本體

32.4

6
3 3

吊耳（僅裡布）

35cm

23

25・35cm

1. 製作吊耳

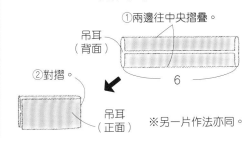

①兩邊往中央摺疊。

吊耳（背面）

②對摺。

6

吊耳（正面）

※另一片作法亦同。

完成尺寸
橫長型：寬21×長14.5cm
縱長型：寬16×長22.5cm

原寸紙型
無

材料（ ■…橫長型・ ■…縱長型・ ■…通用）
表布A（尼龍布）50cm×20cm・40cm×30cm
表布B（尼龍布）25cm×15cm・20cm×20cm
樹脂拉鍊 20cm・15cm1條／**鉤環** 30mm 2個
傘繩 粗0.3cm140cm／**熱轉印貼紙** 1片

【橫長型】 【縱長型】

4. 疊合前・後本體，進行袋縫

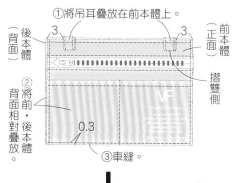

①將吊耳疊放在前本體上。
後本體（背面）
前本體（正面）
摺雙側
②將前・後本體背面相對疊放。
3 3
0.3
③車縫。

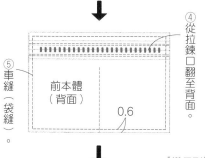

④從拉鍊口翻至背面。
⑤車縫（袋縫）。
前本體（背面）
0.6

【橫長型】

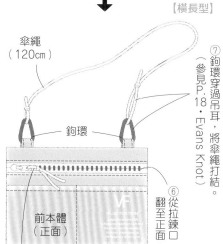

傘繩（120cm）
鉤環
⑦鉤環穿過吊耳，將傘繩打結。（參見P.18・Evans Knot）
⑥從拉鍊口翻至正面。
前本體（正面）
⑧將傘繩（20cm）繫在拉鍊的拉鍊頭上。

【縱長型】

※口袋不車縫分隔線，其他縫法同橫長型。

口袋（正面）
③以熨斗燙貼上喜歡的熱轉印貼紙。

3. 製作前本體

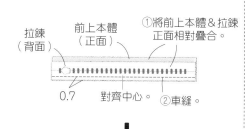

拉鍊（背面）
前上本體（正面）
①將前上本體＆拉鍊正面相對疊合。
0.7
對齊中心。
②車縫。

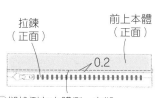

拉鍊（正面）
前上本體（正面）
0.2
③縫份倒向本體側，車縫。

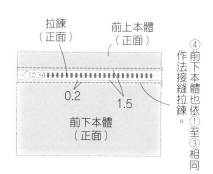

拉鍊（正面）
前上本體（正面）
0.2
1.5
前下本體（正面）
④前下本體作法接縫拉鍊。作法也依①至③相同。

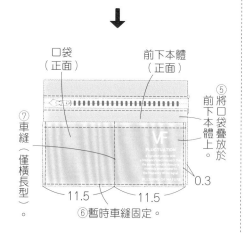

口袋（正面）
前下本體（正面）
⑦車縫（僅橫長型）
11.5 11.5
⑥暫時車縫固定。
⑤將口袋疊放於前下本體上。
0.3

【裁布圖】
※標示尺寸已含縫份。

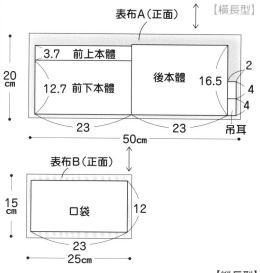

表布A（正面） 【橫長型】
3.7 前上本體
12.7 前下本體
後本體 16.5
20cm
23 23
50cm
2 4 4
吊耳

表布B（正面）
口袋
15cm
12
23
25cm

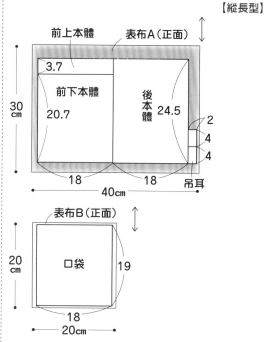

【縱長型】
前上本體 表布A（正面）
3.7
前下本體 20.7
後本體 24.5
30cm
18 18
40cm
2 4 4
吊耳

表布B（正面）
口袋
20cm
19
18
20cm

---

1. 製作吊耳

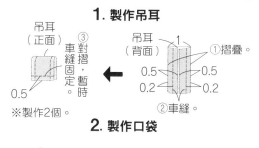

吊耳（正面）
吊耳（背面）
0.5
0.5
1
0.5 0.5
0.2 0.2
③對摺，車縫固定，暫時。
①摺疊。
②車縫。
※製作2個。

2. 製作口袋

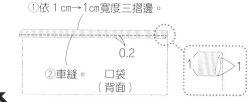

①依 1 cm→1cm 寬度三摺邊。
0.2
②車縫。
口袋（背面）
1 1

拼接寬版包

完成尺寸
寬31×長18×側身15cm（提把40cm）

原寸紙型
無

材料
表布（進口布）137cm×20cm
配布（麻布）105cm×30cm／裡布（棉布）110cm×30cm
接著襯（Soft）92cm×50cm／線圈式樹脂拉鍊 50cm 1條
底板 35cm×15cm／拉鍊尾片 2組
皮標 1片／皮革提把 寬2cm 100cm

※標示尺寸已含縫份。
※ ▢ 需於背面側燙貼接著襯。
※ Ⅰ 表示需畫記合印記號。

裁布圖

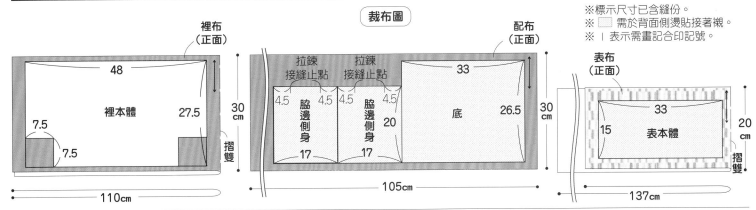

裡布（正面）
48
裡本體
27.5
7.5
7.5
30cm
摺雙
110cm

配布（正面）
拉鍊接縫止點　拉鍊接縫止點
4.5　4.5　4.5　4.5
脇邊側身　脇邊側身
17　17
33
底　26.5
20
30cm
摺雙
105cm

表布（正面）
33
15　表本體
20cm
摺雙
137cm

---

4. 套疊表本體＆裡本體

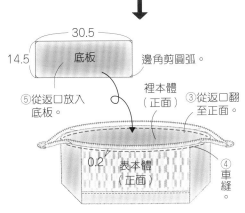

① 將裡本體翻至正面，放入表本體內。
② 車縫。
※避開兩端沒有車縫固定的拉鍊段，以免縫入。
裡本體（背面）
1
表本體（背面）

30.5
14.5　底板
邊角剪圓弧。
⑤ 從返口放入底板。
裡本體（正面）
③ 從返口翻至正面。
0.2　表本體（正面）
④ 車縫。

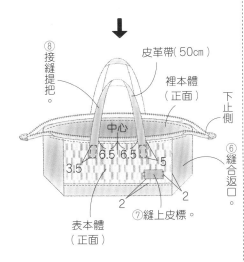

⑧ 接縫提把。
皮革帶（50cm）
裡本體（正面）
下止側
中心
6.5　6.5
3.5　5
⑥ 縫合返口。
2　2
2
⑦ 縫上皮標。
表本體（正面）

2. 接縫拉鍊

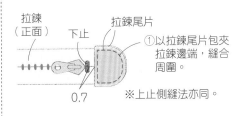

拉鍊（正面）
下止
拉鍊尾片
① 以拉鍊尾片包夾拉鍊邊端，縫合周圍。
0.7
※上止側縫法亦同。

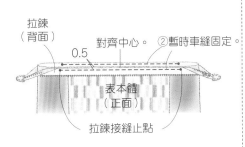

拉鍊（背面）
0.5
對齊中心。
② 暫時車縫固定。
表本體（正面）
拉鍊接縫止點

3. 製作裡本體

裡本體（正面）
裡本體（背面）
返口 30cm
1
② 燙開縫份。
① 車縫。

※另一側縫法亦同。
③ 對齊脇線＆底中心線，車縫。
裡本體（背面）

1. 製作表本體

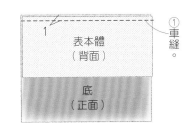

1
表本體（背面）
① 車縫。
底（正面）

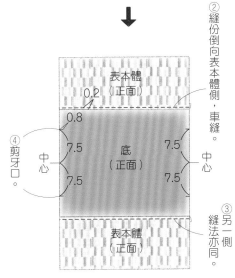

② 縫份倒向表本體側，車縫。
表本體（正面）
0.2
0.8
7.5　7.5
④ 剪牙口。
中心　底（正面）　中心
7.5　7.5
③ 另一側縫法亦同。
表本體（正面）

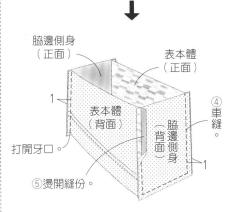

脇邊側身（正面）
表本體（正面）
1
表本體（背面）
脇邊側身（背面）
④ 車縫。
打開牙口。
⑤ 燙開縫份。
1

寬版提把托特包

完成尺寸	材料
寬42×長37cm（提把46cm）	表布（進口布）138cm×30cm
	配布（棉麻布）110cm×40cm
原寸紙型	裡布（棉布）144cm×40cm
無	接著襯（Swany Soft）92cm×50cm／皮標 1片

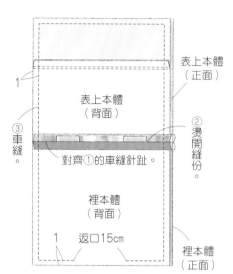

表上本體（背面）
表上本體（正面）
①
③車縫。
②燙開縫份。
對齊①的車縫針趾。
裡本體（背面）
裡本體（正面）
1
返口15cm

4. 縫製完成

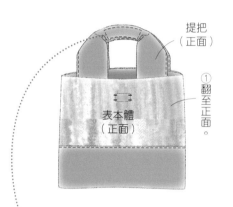

提把（正面）
①翻至正面。
表本體（正面）

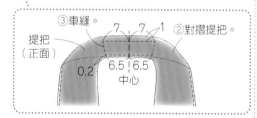

③車縫。
②對摺提把。
提把（正面）
7 7 1
0.2
6.5 6.5
中心

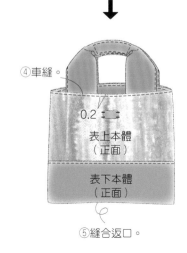

④車縫。
0.2
表上本體（正面）
表下本體（正面）
⑤縫合返口。

2. 製作表本體

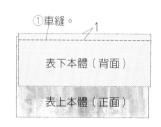

①車縫。 1
表下本體（背面）
表上本體（正面）

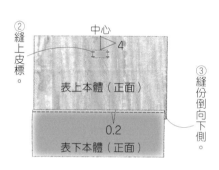

②縫上皮標。
中心 4
表上本體（正面）
③縫份倒向下側。
0.2
表下本體（正面）

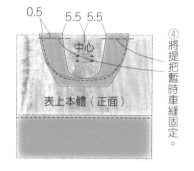

0.5 5.5 5.5
中心
表上本體（正面）
④將提把暫時車縫固定。

※另一側也依①、③、④相同作法縫合。

3. 套疊表本體&裡本體

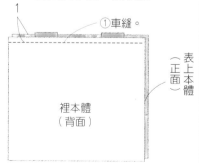

①車縫。 1
裡本體（背面）
表上本體（正面）

※另一側的表本體&裡本體縫法亦同。

※標示尺寸已含縫份。
※▨▨▨需於背面側燙貼接著襯。

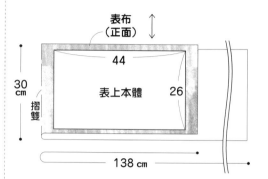

表布（正面）
44
表上本體 26
30cm
摺雙
138 cm

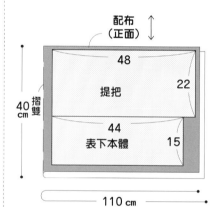

配布（正面）
48
提把 22
40cm 摺雙
44
表下本體 15
110 cm

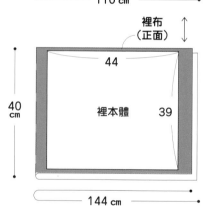

裡布（正面）
44
裡本體 39
40cm
144 cm

1. 製作提把

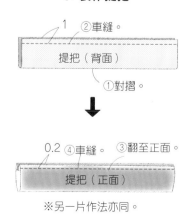

1 ②車縫。
提把（背面）
①對摺。

0.2 ④車縫。 ③翻至正面。
提把（正面）

※另一片作法亦同。

90

完成尺寸
寬15.5×長10×側身6cm

原寸紙型
C面

材料
表布（進口布）45cm×35cm
裡布（棉布）45×35cm／接著襯（薄）45cm×35cm
飾邊用斜布條 寬1cm 100cm
線圈式樹脂拉鍊 25cm 1條

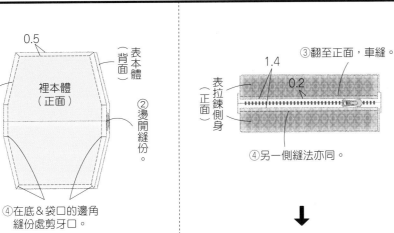

③將表本體＆裡本體背面相對疊合，暫時車縫固定。

0.5
裡本體（正面）
表本體（背面）
表本體（背面）
②燙開縫份。

④在底＆袋口的邊角縫份處剪牙口。

對齊本體完成線的邊角＆側身的合印。

⑤本體＆側身正面相對疊放，車縫固定。

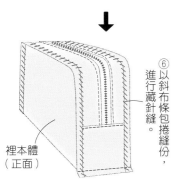

裡本體（正面）
裡側身（正面）
1

⑥以斜布條包捲縫份，進行藏針縫。

裡本體（正面）

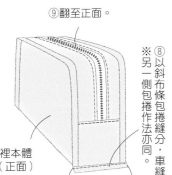

⑨翻至正面。

※⑧另一側包捲作法亦同。
⑧以斜布條包捲作縫份，車縫。

裡本體（正面）

⑦兩端摺入1cm。

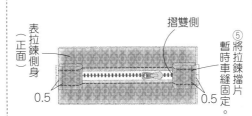

③翻至正面，車縫。
1.4
0.2
表拉鍊側身（正面）

④另一側縫法亦同。

⑤將拉鍊擋片暫時車縫固定。
表拉鍊側身（正面）
摺雙側
0.5
0.5

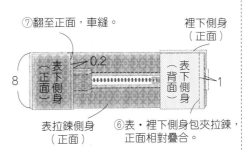

⑦翻至正面，車縫。
裡下側身（正面）
8
0.2
表下側身（正面）
表下側身（背面）
1
表拉鍊側身（正面）
⑥表・裡下側身包夾拉鍊，正面相對疊合。

3. 製作本體

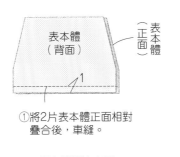

表本體（背面）
表本體（正面）
1
①將2片表本體正面相對疊合後，車縫。

※裡本體縫法亦同。

※除了表・裡本體之外皆無原寸紙型，請依標示尺寸（已含縫份）直接裁剪。
※▨▨▨需於背面側燙貼接著襯（僅限表布）
※∣表示需畫記合印記號。

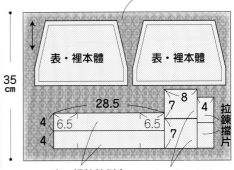

表・裡布（正面）
※裡布裁法亦同。

35cm
45cm

表・裡本體
表・裡本體
28.5
6.5
6.5
4
4
7
8
4
7
4
拉鍊擋片
表・裡拉鍊側身
表・裡下側身

1. 製作拉鍊擋片

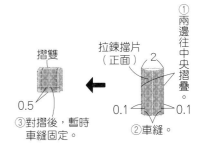

摺雙
0.5
拉鍊擋片（正面）
2
0.1
0.1
①兩邊往中央摺疊。
②車縫。
③對摺後，暫時車縫固定。

※另一片作法亦同。

2. 製作側身

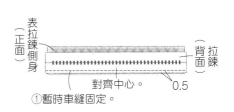

表拉鍊側身（正面）
背面
拉鍊
對齊中心。
0.5
①暫時車縫固定。

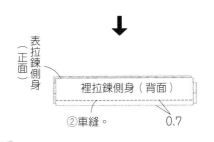

表拉鍊側身（正面）
裡拉鍊側身（背面）
②車縫。
0.7

完成尺寸
寬12×長18.5×側身9.5cm

原寸紙型
C面

材料
表布（進口布）135cm×20cm
配布（麻布）105cm×25cm／裡布（棉布）90cm×35cm
接著襯（Swany Soft）92cm×30cm
接著襯（薄）120cm×30cm
手挽口金 1個／皮標 1片

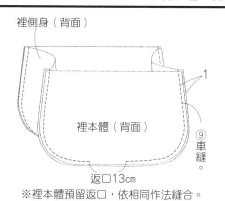

裡側身（背面）
裡本體（背面）
① 車縫。
返口13cm

※裡本體預留返口，依相同作法縫合。

3. 套疊表本體＆裡本體

① 將翻至正面的表本體放入裡本體內。

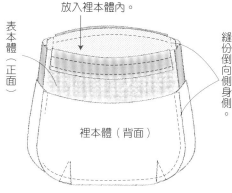

表本體（正面）
裡本體（背面）
縫份倒向側身側。

② 車縫。

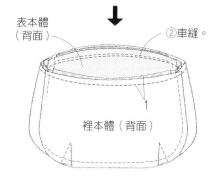

表本體（背面）
裡本體（背面）

4. 穿入口金

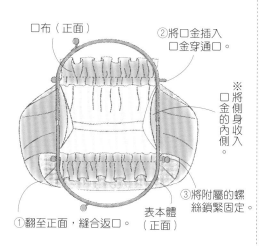

口布（正面）
② 將口金插入口金穿通口。
※將側身的內側收入。
③ 將附屬的螺絲鎖緊固定。
① 翻至正面，縫合返口。
表本體（正面）

---

2. 製作表‧裡本體

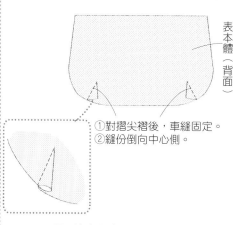

表本體（背面）

① 對摺尖褶後，車縫固定。
② 縫份倒向中心側。

※另一片表本體＆兩片裡本體縫法亦同。

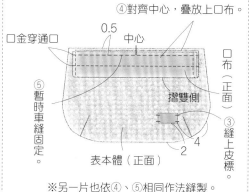

④ 對齊中心，疊放上口布。
口金穿通口
0.5　中心
⑤ 暫時車縫固定。
口布（正面）
摺雙側
③ 縫上皮標。
4
2
表本體（正面）

※另一片也依④、⑤相同作法縫製。

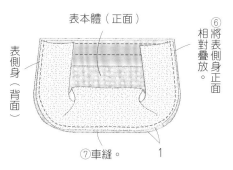

表本體（正面）
⑥ 將表側身正面相對疊放。
表側身（背面）
⑦ 車縫。
1

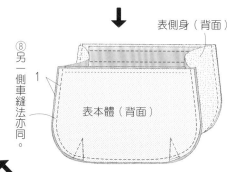

表側身（背面）
⑧ 另一側車縫法亦同。
表本體（背面）
1

裁布圖

※口布、表‧裡側身無原寸紙型，請依標示尺寸（已含縫份）直接裁剪。
※□需於背面側燙貼薄接著襯。
　□需於背面側燙貼Soft接著襯。

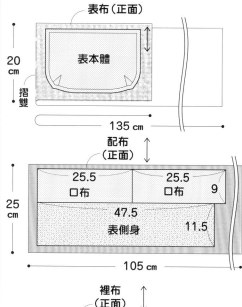

表布（正面）
表本體
20 cm
摺雙
135 cm

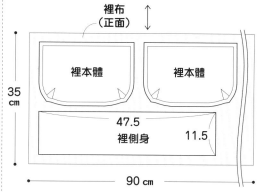

配布（正面）
25.5　口布
25.5　口布　9
47.5　表側身　11.5
25 cm
105 cm

裡布（正面）

裡本體　　裡本體
47.5　裡側身　11.5
35 cm
90 cm

1. 製作口布

① 摺疊。
1　口布（背面）　1
0.5　② 車縫。　0.5

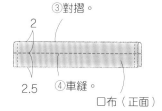

2
③ 對摺。
2.5　④ 車縫。
口布（正面）

※另一片作法亦同。

完成尺寸
寬29 × 長18 × 側身14cm
（提把22cm）

原寸紙型
A面

材料
表布（帆布）90cm×30cm
裡布（棉布）90cm×30cm
疊緣 寬約8cm 100cm

P.31 _ No.33
單柄提袋

3. 製作本體

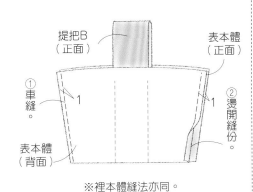

提把B（正面）
表本體（正面）
① 車縫。
② 燙開縫份。
表本體（背面）

※裡本體縫法亦同。

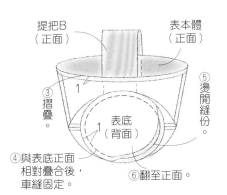

提把B（正面）
表本體（正面）
③ 摺疊。
⑤ 燙開縫份。
表底（背面）
④ 與表底正面相對疊合後，車縫固定。
⑥ 翻至正面。

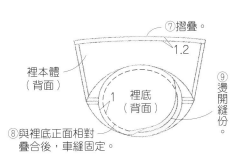

⑦ 摺疊。 1.2
裡本體（背面）
⑨ 燙開縫份。
裡底（背面）
⑧ 與裡底正面相對疊合後，車縫固定。

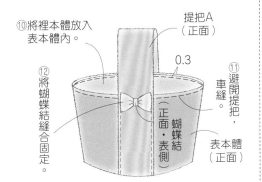

⑩ 將裡本體放入表本體內。
提把A（正面）
0.3
⑪ 避開提把，車縫。
⑫ 將蝴蝶結縫合固定。
蝴蝶結（正面・表側）
表本體（正面）

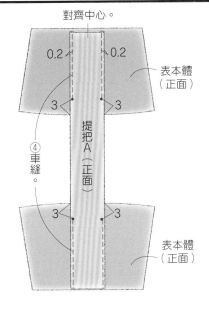

對齊中心。
0.2　0.2
表本體（正面）
3　3
提把A（正面）
④ 車縫。
3　3
表本體（正面）

2. 製作蝴蝶結

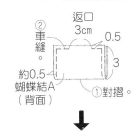

返口 3cm
② 車縫。 0.5
3
約0.5
蝴蝶結A（背面）
① 對摺。

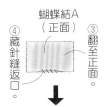

蝴蝶結A（正面）
④ 藏針縫縫返口。
③ 翻至正面。

⑤ 摺疊。
1　1 4.5
蝴蝶結B（背面）

蝴蝶結B（正面）
⑥ 摺疊。 1.8
⑦ 藏針縫。

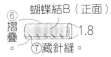

蝴蝶結A（正面・裡側）
⑧ 將蝴蝶結A纏繞在蝴蝶結B的中心，藏針縫固定。
蝴蝶結B（正面）

（裁布圖）

※提把A・B、蝴蝶結A・B無原寸紙型，請依標示尺寸（已含縫份）直接裁剪。

表・裡布（正面）
※裡布裁法亦同。

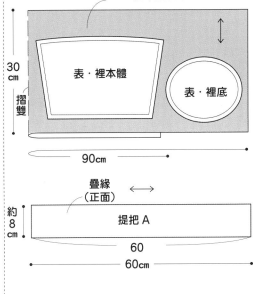

30cm
摺雙
表・裡本體
表・裡底
90cm

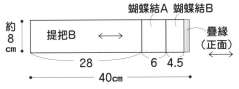

疊緣（正面）
約8cm
提把A
60
60cm

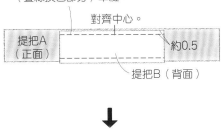

蝴蝶結A　蝴蝶結B
約8cm
提把B
疊緣（正面）
28　6 4.5
40cm

1. 接縫提把

① 沿疊緣交界處（疊緣換色部分）車縫。
對齊中心。
提把A（正面）
約0.5
提把B（背面）

提把A（背面）
約0.5
提把B（正面）
② 翻至正面。
③ 摺疊交界處。

完成尺寸	材料
寬28×長25cm（提把21cm）	**表布**（丹寧布）35cm×55cm
	裡布（棉布）35cm×55cm
原寸紙型	**配布**（棉布）20cm×5cm
A面	**金屬拉鍊** 28cm 1條
	疊緣 寬約8cm 120cm

P.31 _ No.34
方形手提袋

---

3. 製作圍巾

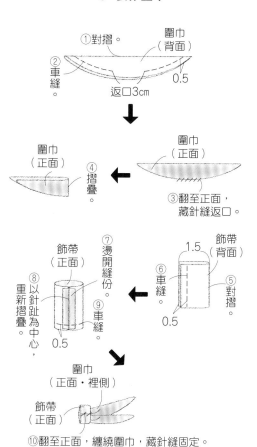

①對摺。
②車縫。
圍巾（背面）
返口3cm
0.5

③翻至正面，藏針縫返口。
圍巾（正面）
④摺疊。
圍巾（正面）

⑤對摺。
節帶（背面）
⑥車縫。
1.5
0.5
⑦燙開縫份。
節帶（正面）

⑧以針趾為中心，重新摺疊。
⑨車縫。
0.5
圍巾（正面・裡側）

節帶（正面）

⑩翻至正面，纏繞圍巾，藏針縫固定。

4. 接縫提把＆圍巾

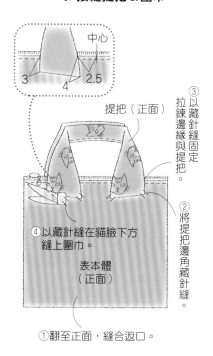

中心
3　4　2.5

提把（正面）
③以藏針縫固定拉鍊邊緣與提把。
②將提把邊角藏針縫。

④以藏針縫在貓臉下方縫上圍巾。
表本體（正面）
①翻至正面，縫合返口。

---

⑥另一側縫法亦同。

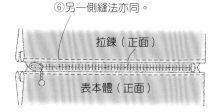

拉鍊（正面）
表本體（正面）

⑦將表本體＆裡本體各自正面相對疊合。

⑧車縫。
表本體（背面）
1

※事先拉開拉鍊。
返口12cm
裡本體（背面）
1

2. 製作提把

約0.5
疊緣（60cm）
提把（背面）
①對摺。
②沿疊緣交界處（疊緣換色部分）車縫。
約0.5

⑤車縫。
中心 0.5
提把（正面）
5　5
④對摺。
③翻至正面，邊端摺入1cm，進行藏針縫。

※另一條縫法亦同。

（裁布圖）

※除了圍巾之外皆無原寸紙型，請依標示尺寸（已含縫份）直接裁剪。

表・裡布（正面）
※裡布裁法亦同。

55cm
52
表・裡本體
30
35cm

圍巾　節帶
5cm
3 4
配布（正面）
20cm

讓邊緣處有貓臉（圖案）
提把（2片）
疊緣（正面）
約8cm
60
120cm
摺雙

1. 製作本體

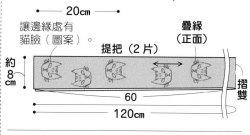

①將拉鍊邊端摺三角形的4個角落。
③暫時車縫固定。
拉鍊（背面）
②對齊拉鍊＆表本體的中心。
0.2中心
表本體（正面）
裡本體（背面）
④車縫。
0.7

※避開裡本體。

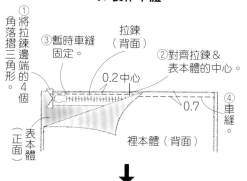

裡本體（正面）
拉鍊（正面）
0.2

⑤縫份倒向本體側，車縫。
本體（正面）

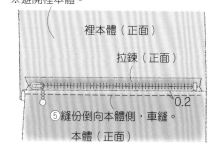

完成尺寸	材料
寬32×寬16×側身10cm	表布（牛津布）75cm×40cm／裡布（平織布）80cm×40cm
原寸紙型	接著襯（中厚）75cm×40cm／皮革 10cm×1cm
A面	塑膠插釦 40mm 1個／金屬拉鍊 40cm 1條
	壓克力棉織帶 寬38mm 100cm／活動日型環 40mm 2個／口型環 40mm 1個

胸前包

裁布圖

※ ▨ 需於背面側燙貼接著襯。

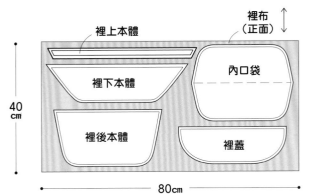

裡布（正面）

裡上本體
裡下本體
內口袋
裡後本體
裡蓋

40cm

80cm

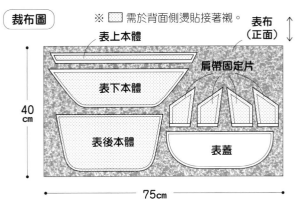

表布（正面）

表上本體
肩帶固定片
表下本體
表後本體
表蓋

40cm

75cm

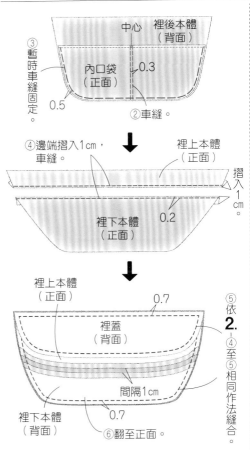

③暫時車縫固定

中心　裡後本體（背面）

內口袋（正面）　0.3

0.5　②車縫。

④邊端摺入1cm，車縫。

裡上本體（正面）

裡下本體（正面）　0.2　摺入1cm。

裡上本體（正面）　0.7

裡蓋（背面）

間隔1cm

裡下本體（背面）　0.7

⑤依④至⑤相同作法縫合。

⑥翻至正面。

4. 套疊表本體&裡本體

①將表本體放入裡本體內，並將裡本體藏針縫於拉鍊台布上。

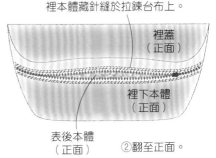

裡蓋（正面）

裡下本體（正面）

表後本體（正面）

②翻至正面。

---

2. 製作表本體

①將皮革裁成2條 5cm×1cm。

②對摺。

2.5　拉鍊擋片（正面）

③邊端摺入1cm，疊放於拉鍊上，車縫。

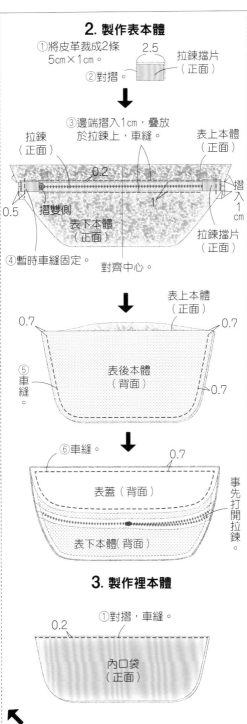

拉鍊（正面）　0.2　表上本體（正面）

0.5　摺雙側　1　摺入1cm。

裡下本體（正面）

④暫時車縫固定　拉鍊擋片（正面）

對齊中心。

表上本體（正面）　0.7

0.7　表後本體（背面）　0.7

⑤車縫。

⑥車縫。　0.7

表蓋（背面）

表下本體（背面）

事先打開拉鍊。

3. 製作裡本體

①對摺，車縫。

0.2

內口袋（正面）

---

1. 製作肩帶

【肩帶B】　【肩帶A】

②穿往活動日型環的背面側。

1.5

4　1

壓克力棉織帶（65cm）　③摺入1cm，車縫。

肩帶B（正面）

①摺疊後，車縫。

插扣（凹）　4　1　1.5

壓克力棉織帶（35cm）

肩帶A（背面）

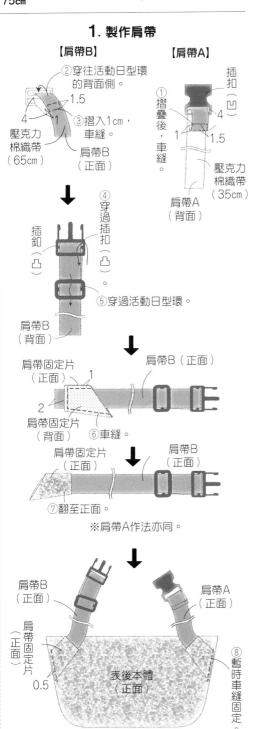

插釦（凸）　④穿過插扣（凸）

⑤穿過活動日型環。

肩帶B（背面）

肩帶固定片（正面）　1

2　肩帶固定片（背面）　肩帶B（正面）

⑥車縫。

肩帶固定片（正面）　肩帶B（正面）

⑦翻至正面。

※肩帶A作法亦同。

肩帶B（正面）　肩帶A（正面）

肩帶固定片（正面）

0.5　表後本體（正面）

⑧暫時車縫固定。

方形後背包

完成尺寸
寬28×長35×側身12cm

原寸紙型
C面

材料
表布（牛津布）110cm×60cm
裡布（平織布）110cm×70cm／皮革 30cm×10cm
接著襯（中厚）90cm×60cm
雙開拉鍊 60cm 1條／鉚釘 8mm 2組
壓克力棉織帶 寬38mm 320cm／活動日型環 寬40mm 2個

※除了前‧後本體、裡本體、底布之外皆無原寸紙型，
　請依標示尺寸（已含縫份）直接裁剪。
※ ▨ 需於背面側燙貼接著襯。

裁布圖

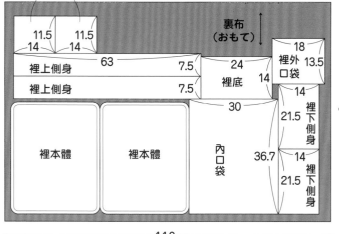

裡脇口袋
11.5　11.5
14　14
裡上側身　63　7.5
裡上側身　7.5
裡底　24
14
30
裡本體　裡本體
內口袋
36.7
裡外口袋　18　13.5
14
裡下側身　14　21.5
裡下側身　14　21.5
裏布（おもて）
70cm
110cm

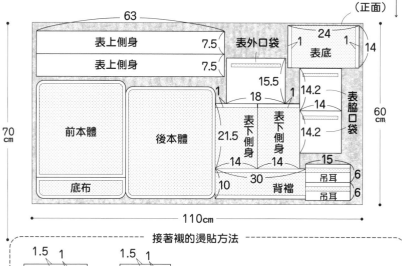

表布（正面）
63
表上側身　7.5
表上側身　7.5
表外口袋　1
表底　24　1　14
15.5
1　18　1
前本體
後本體
底布
表下側身　21.5
表下側身
表脇口袋　14.2　14　14.2
14　14
10　30　背襠
吊耳　15　6
吊耳　6
60cm
110cm

接著襯的燙貼方法

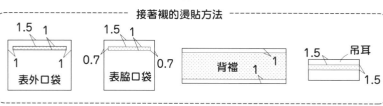

1.5　1
1　1
表外口袋

1.5　1
0.7　0.7
表脇口袋

背襠　1
1

吊耳　1.5
1.5

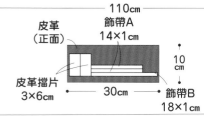

皮革（正面）
飾帶A　14×1cm
10cm
皮革擋片　3×6cm
30cm
飾帶B　18×1cm

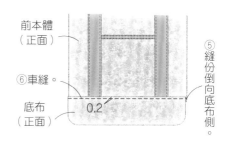

前本體（正面）
底布（背面）
④車縫。
1

前本體（正面）
底布（正面）
⑥車縫。
0.2
⑤縫份倒向底布側。

2. 製作提把&吊耳

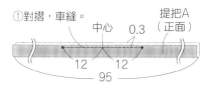

①對摺，車縫。
中心　0.3
提把A（正面）
12　12
95

②將剩餘的壓克力棉織帶裁至45cm，
　以①相同作法縫製提把B。

※另一條吊耳作法亦同。

③四摺邊。
0.2
0.2
吊耳（正面）
1.5
④車縫。

3. 製作前本體

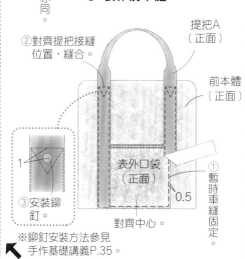

②對齊提把接縫位置，縫合。
提把A（正面）
前本體（正面）
③安裝鉚釘。
1
表外口袋（正面）
①暫時車縫固定
0.5
對齊中心
※鉚釘安裝方法參見手作基礎講義P.35。

1. 製作外口袋&脇口袋

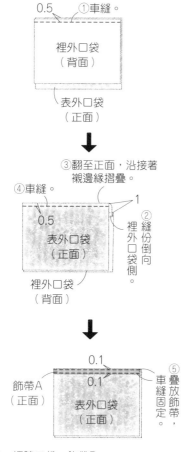

0.5　①車縫。
裡外口袋（背面）
表外口袋（正面）

③翻至正面，沿接著襯邊緣摺疊。

④車縫。
0.5
表外口袋（正面）
1
②縫份倒向裡外口袋側。
裡外口袋（背面）

0.1
0.1
飾帶A（正面）
表外口袋（正面）
⑤車縫固定疊放飾帶。

※表‧裡脇口袋、飾帶B作法同①至③。

6. 製作裡本體

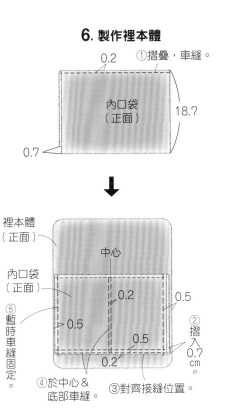

0.2　①摺疊，車縫。
內口袋（正面）　18.7
0.7

↓

裡本體（正面）
中心
內口袋（正面）
⑤暫時車縫固定。
0.2　0.5
0.5　0.5
0.2
②摺入0.7cm
④於中心＆底部車縫。
③對齊接縫位置。

↓

裡上側身（正面）
0.2　1
⑥摺疊，車縫。
※另一片作法亦同。

↓

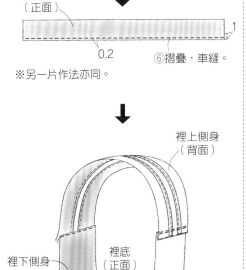

裡上側身（背面）
裡下側身（正面）
裡底（正面）
裡下側身（背面）
⑦依 5.-⑥至⑪相同作法縫合。

7. 套疊表本體＆裡本體

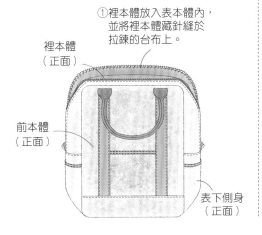

①裡本體放入表本體內，並將裡本體藏針縫於拉鍊的台布上。
裡本體（正面）
前本體（正面）
表下側身（正面）

拉鍊（正面）　③邊端摺入1cm，疊放於拉鍊上，車縫。　表上側身（正面）
0.5　0.5　0.2
摺入1cm
摺雙側　對齊中心。　表上側身（正面）　皮革擋片（正面）
④放上對摺的皮革擋片，暫時車縫固定。

↓

底（正面）　⑤車縫。
表下側身（背面）　1

↓

表下側身（正面）
0.2　底（正面）　0.2
⑦另一側縫法亦同。　⑥縫份倒向底側，車縫。　表下側身（正面）

↓

表下側身（正面）　表底（正面）　表上側身（背面）
1　1
表上側身（背面）　⑧車縫。

↓

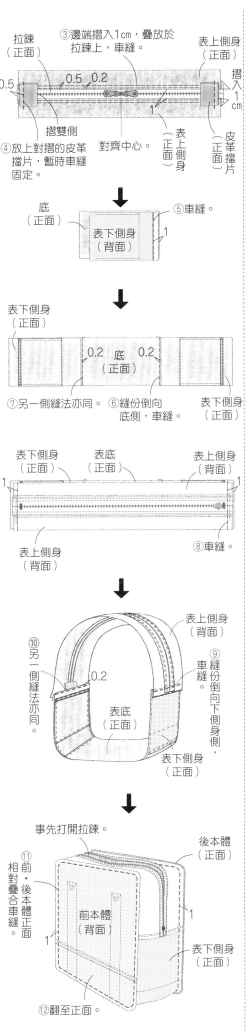

⑩另一側縫法亦同。
0.2
表底（正面）
表上側身（背面）
⑨縫份倒向下側身側，車縫。
表下側身（正面）

↓

事先打開拉鍊。
後本體（正面）
⑪前・後本體正面相對疊合車縫。
前本體（背面）　1
1
表下側身（正面）
⑫翻至正面。

---

4. 製作後本體

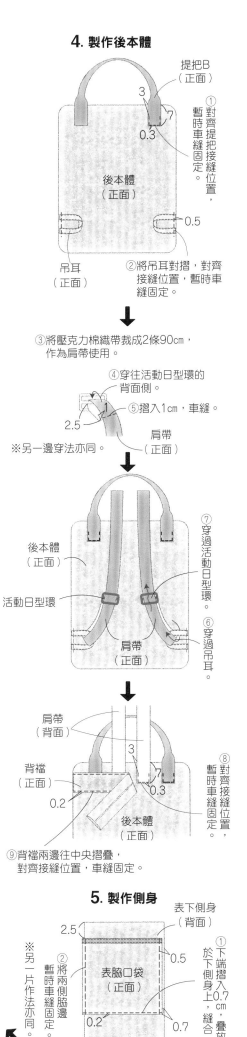

提把B（正面）　3
①對齊提把接縫位置，暫時車縫固定。
0.3　7
後本體（正面）
0.5
吊耳（正面）
②將吊耳對摺，對齊接縫位置，暫時車縫固定。

↓

③將壓克力棉織帶裁成2條90cm，作為肩帶使用。
④穿往活動日型環的背面側。
2.5　1　⑤摺入1cm，車縫。
肩帶（正面）
※另一邊穿法亦同。

↓

⑦穿過活動日型環。
後本體（正面）
活動日型環
肩帶（正面）
⑥穿過吊耳。

↓

肩帶（背面）
3
背襠（正面）　7
0.2　0.3
⑧對齊接縫位置，暫時車縫固定。
後本體（正面）
⑨背襠兩邊往中央摺疊，對齊接縫位置，車縫固定。

5. 製作側身

表下側身（背面）
2.5　0.5
表脇口袋（正面）
①於下側身上，下端摺入0.7cm，疊放，縫合。
②將兩側脇邊暫時車縫固定。
0.2　0.7
※另一片作法亦同。

完成尺寸
寬22.5×長15×側身16cm

原寸紙型
A面

材料
表布（牛津布）100cm×40cm
裡布（平織布）100cm×40cm
袋物提把用織帶 寬30mm 25cm／接著襯（中厚）100cm×40cm
雙開拉鍊 60cm 1條／鉚釘 9mm 2組

表蓋（正面）
提把（正面）
④疊放於接縫位置，車縫固定。
2.5

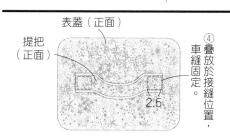

3. 製作表本體，並與裡本體套疊

表上本體（正面）
①摺疊無燙貼接著襯側的縫份。
1
表下本體（正面）
1

表上本體（正面）
②從背面側疊放上拉鍊，車縫固定。
1　0.2
對齊中心。
0.2
表下本體（正面）
拉鍊（正面）

表下本體（正面）
表上本體（正面）
④縫份倒向表背布側。
表背布（背面）
1　1
③表上・下本體與表背布正面相對疊合，車縫固定。

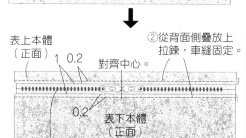

表背布（正面）
0.2　0.2
⑤翻至正面，車縫。

表蓋（背面）
0.7
⑥將表蓋與表上本體正面相對疊放，車縫固定。
表上本體（背面）
表下本體（背面）
0.7
表底（正面）
表背布（背面）
⑦將表底與表下本體正面相對疊放，車縫固定。

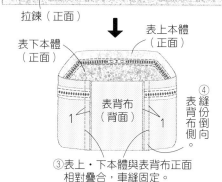
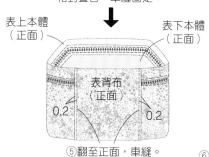
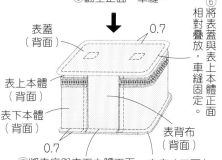

裡上本體（背面）
裡下本體（背面）
裡背布（正面）
0.2　0.2
④翻至正面，車縫。

摺雙
0.5
⑤將內口袋背面相對摺疊，車縫。
內口袋（正面）

裡蓋（正面）
中心
內口袋（正面）
0.5
0.5
⑥將內口袋疊放於裡蓋上，暫時車縫固定。
⑥車縫。

裡蓋（背面）
0.7
⑧車縫。
裡上本體（背面）
裡下本體（背面）
0.7
裡背布（背面）
⑦將裡蓋與裡上本體正面相對疊放。
⑨將裡底與裡下本體正面相對疊放，車縫固定。
裡底（正面）

裡蓋（背面）
裡上本體（背面）
裡下本體（背面）
⑩裡蓋縫份倒向裡上本體側，車縫。
裡底（背面）
裡背布（背面）
⑪裡底縫份倒向裡下本體側，車縫。

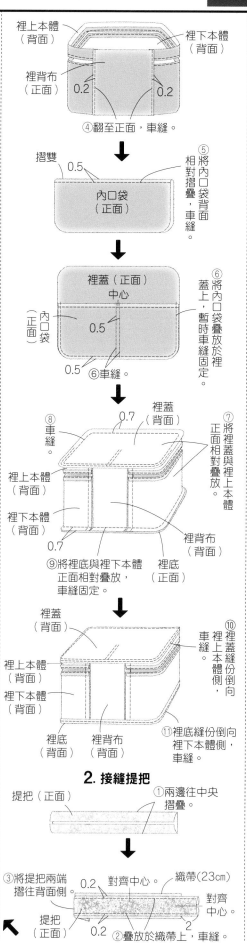

2. 接縫提把

提把（正面）
①兩邊往中央摺疊。

③將提把兩端摺往背面側。
0.2
對齊中心。
織帶（23cm）
對齊中心。
提把（正面）
0.2
2
②疊放於織帶上，車縫。

※除了表・裡蓋、表・裡底、內口袋之外皆無原寸紙型，請依標示尺寸（已含縫份）直接裁剪。
※ □ 需於背面側燙貼接著襯。

表布（正面）
40cm
27
提把 5.5
3.2 表上本體
14.2
1
表下本體
31
表背布
1　16.4　1
16
表蓋・表底（各1片）
摺雙
100cm

裡布（正面）
40cm
中心
1
內口袋
裡背布
16.4
16
3.2
裡上本體
31
14.2
裡下本體
裡蓋・裡底（各1片）
摺雙
100cm

1. 製作裡本體

裡上本體（正面）
0.2
1
①摺疊縫份，車縫。
0.2
1
裡下本體（正面）

裡上本體（正面）
裡下本體（正面）
裡背布（背面）
間隔1cm
1　1
②將裡上・下本體與裡背布正面相對疊合後，車縫。
③裡背布縫份倒向側。

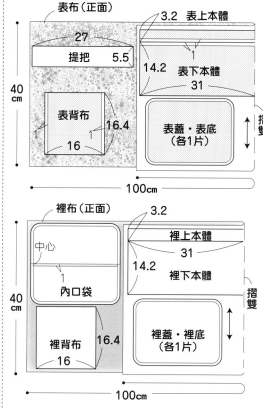
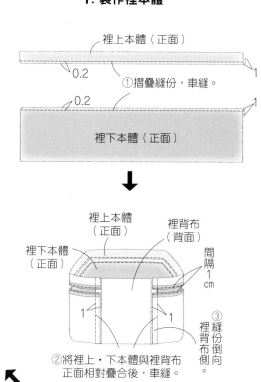

⑬安裝鉚釘（避開內口袋安裝）。

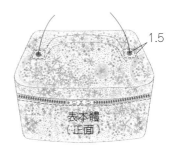

1.5

表本體
（正面）

※鉚釘安裝方法參見
手作基礎講義P.35。

⑫將裡本體藏針縫於拉鍊台布上。

⑩將表本體翻至正面。

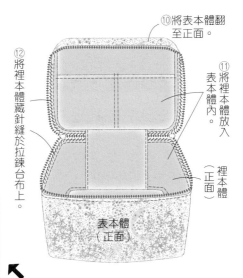

⑪將裡本體放入表本體（正面）。

表本體
（正面）

表蓋
（背面）

表上本體
（背面）

表下本體
（背面）

表底
（背面）

表背布
（背面）

⑧在表蓋＆表底的邊角縫份處剪牙口。

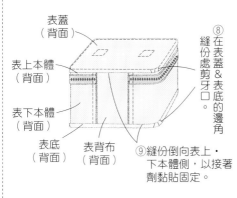

⑨縫份倒向表上·下本體側，以接著劑黏貼固定。

完成尺寸	材料	P.31 _ No. 32
寬30×長14×側身14cm（提把23cm）	表布（帆布）35cm×50cm 裡布（棉布）35cm×50cm 疊緣 寬約8cm 130cm 皮革提把 寬4cm 50cm 手縫型磁釦 15mm 1組	迷你船形提袋
原寸紙型 無		

---

⑥將表本體＆裡本體各自正面相對疊合。

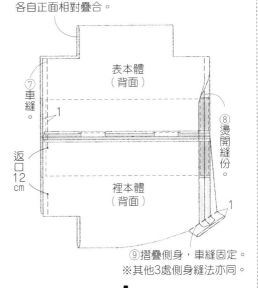

表本體
（背面）

⑦車縫。

1

返口12cm

裡本體
（背面）

⑧燙開縫份。

1

⑨摺疊側身，車縫固定。
※其他3處側身縫法亦同。

⑫接縫磁釦。
※另一側縫法亦同。

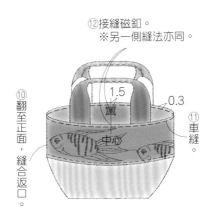

1.5

中心

0.3

⑩翻至正面，縫合返口。

⑪車縫。

---

2. 製作本體

0.5　　　上側不摺疊

約0.5　　飾布（正面）　　0.3

①於交界處摺疊。　②車縫。

※交界處（疊緣換色部分）。
※另一側縫法與裡本體相同。

↓

③暫時車縫固定。　中心　0.3

飾布（正面）

4　4

表本體（正面）　　提把（背面）

※另一側縫法亦同。

↓

④車縫。　1

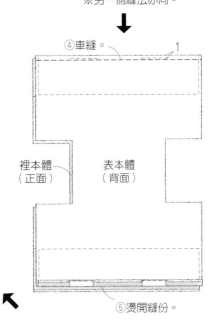

裡本體
（正面）

表本體
（背面）

⑤燙開縫份。

裁布圖

※標示尺寸已含縫份。

表·裡布（正面）
※裡布裁法亦同。

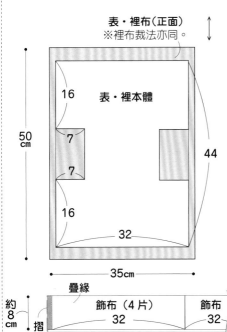

表·裡本體

16
7
7
16

50cm

44

32

35cm

疊緣

飾布（4片）　飾布

約8cm　摺雙

32　　32

130cm

---

1. 製作提把

①對摺。

②車縫。　中心　0.2　提把（正面）

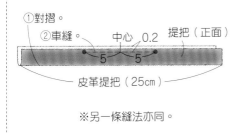

5　5

皮革提把（25cm）

※另一條縫法亦同。

99

大容量圓桶包

完成尺寸
寬52×長30×側身20cm

原寸紙型
C面

材料
表布（11號帆布）112cm×120cm
配布（11號帆布）112cm×35cm
裡布（11號帆布）112cm×100cm
雙開線圈式樹脂拉鍊 60cm 1條／單面鉚釘 7.2mm 4組

⑨對齊中心後，將拉鍊正面相對疊放於表本體上。

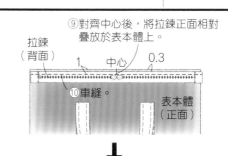

拉鍊（背面） 中心 0.3
1
⑩車縫。 表本體（正面）

※另一側縫法亦同。

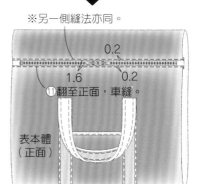

0.2
1.6　0.2
⑪翻至正面，車縫。
表本體（正面）

3. 製作表側身

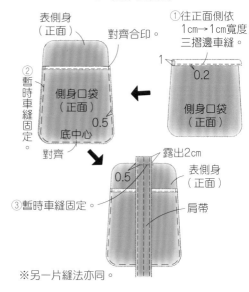

表側身（正面） 對齊合印。
①往正面側依1cm→1cm寬度三摺邊車縫。
②暫時車縫固定。
側身口袋（正面） 0.5 1
底中心 0.2
對齊

側身口袋（正面）

露出2cm
0.5
③暫時車縫固定。
表側身（正面）
肩帶

※另一片縫法亦同。

4. 車縫表本體＆表側身

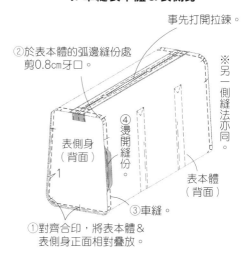

②於表本體的弧邊縫份處剪0.8cm牙口。
事先打開拉鍊。
④燙開縫份。
表側身（背面）
1
表本體（背面）
③車縫。
①對齊合印，將表本體＆表側身正面相對疊放。
※另一側縫法亦同。

2. 製作表本體

①往正面側依1cm→1cm寬度三摺邊車縫。
1
0.2

外口袋（正面）

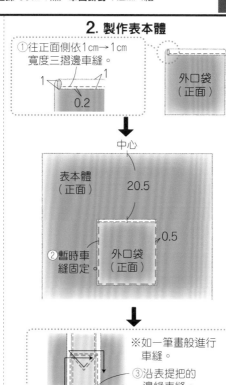

中心
表本體（正面） 20.5
外口袋（正面） 0.5
②暫時車縫固定。

※如一筆畫般進行車縫。
③沿表提把的邊緣車縫。

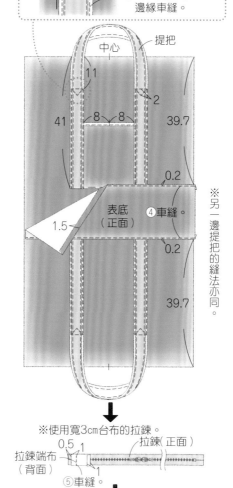

提把
中心
11
41　8 8　39.7
2
0.2
表底（正面） ④車縫。
1.5
0.2
39.7
※另一邊提把的縫法亦同。

※使用寬3cm台布的拉鍊。
0.5 1
拉鍊端布（背面） 拉鍊（正面）
⑤車縫。 1
⑥對摺，包捲拉鍊端。 0.2 拉鍊（正面）
⑦車縫。 50.5cm
⑧裁剪後，另一側縫法亦同。

裁布圖

※除了表・裡側身、側身口袋之外皆無原寸紙型，請依標示尺寸（已含縫份）直接裁剪。
※ | 表示需畫記合印記號。

54　9
6.4
表側身　20
表本體
96.4　10.5
底中心
表側身　10.5
93 肩帶
側身口袋
6.4
9
54
側身口袋
20 表底　19　22.5
表布（正面）
外口袋
120cm
112cm

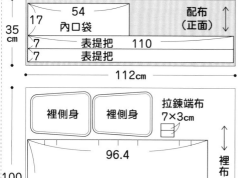

17　54　配布（正面）
內口袋
7　表提把　110
7　表提把
35cm
112cm

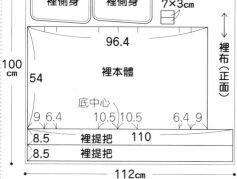

裡側身　裡側身
拉鍊端布 7×3cm
96.4
裡本體
54
底中心
9 6.4　10.5 10.5　6.4 9
8.5　裡提把　110
8.5　裡提把
100cm
裡布（正面）
112cm

1. 製作肩帶＆提把

【肩帶】
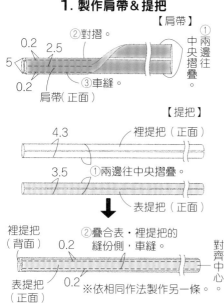
0.2　2.5
5
0.2
②對摺。
③車縫。
肩帶（正面）
①中央兩邊往中央摺疊。

【提把】
4.3
裡提把（正面）
3.5
①兩邊往中央摺疊。
表提把（正面）

裡提把（背面）
0.2
②疊合表・裡提把的縫份側，車縫。
表提把（正面）
0.2
※依相同作法製作另一條。
對齊中心

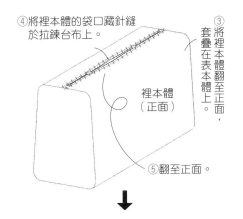

④將裡本體的袋口藏針縫於拉鍊台布上。

③將裡本體翻至正面，套疊在表本體上。

裡本體（正面）

⑤翻至正面。

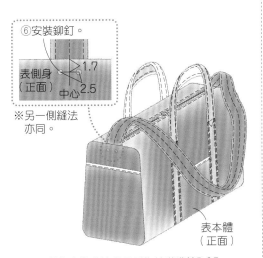

⑥安裝鉚釘。

表側身（正面）　1.7
中心　2.5

※另一側縫法亦同。

表本體（正面）

※鉚釘安裝方法參見手作基礎講義P.35。

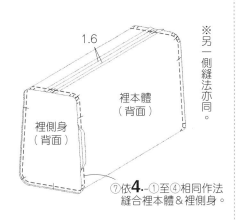

1.6

裡本體（背面）

裡側身（背面）

※另一側縫法亦同。

⑦依**4.**-①至④相同作法縫合裡本體＆裡側身。

6. **完成縫製**

①表・裡側身對齊內側後，將底部的表・裡本體縫份止縫固定。

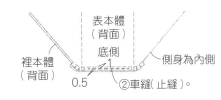

表本體（背面）

裡本體（背面）

底側　1

側身為內側

0.5　②車縫（止縫）。

※另一側的表・裡側身也以相同方式止縫固定。

5. **製作裡本體**

①往正面側依1cm→1cm寬度三摺邊車縫。

1　0.2　1

內口袋（正面）

內口袋（背面）

0.7

②摺疊。

⑤閂止縫。

0.5

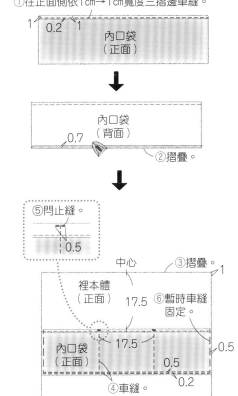

中心　③摺疊。　1

裡本體（正面）　17.5　⑥暫時車縫固定。

內口袋（正面）　17.5

0.5　0.5

④車縫。　0.2

完成尺寸	材料	
寬11×長14cm	表布（布耳）適量	**P.37** _ № **42**
原寸紙型	配布（棉布）30cm×20cm	**線軸杯墊**
B面	單膠鋪棉 15cm×20cm	

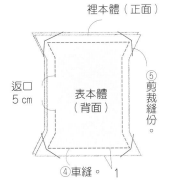

裡本體（正面）

返口5cm

表本體（背面）

⑤剪裁縫份。

④車縫。　1

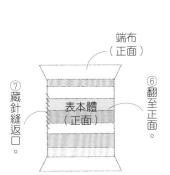

端布（正面）

⑦藏針縫返口。

表本體（正面）

⑥翻至正面。

2. **製作本體**

②燙開縫份。　1

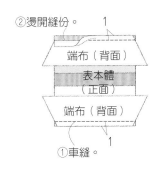

端布（背面）

表本體（正面）

端布（背面）

①車縫。　1

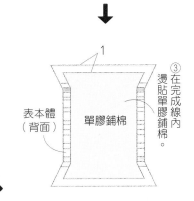

1

表本體（背面）

單膠鋪棉

③在完成線內燙貼單膠鋪棉。

裁布圖

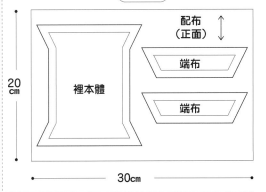

配布（正面）

20cm

裡本體

端布

端布

30cm

1. **製作表本體**

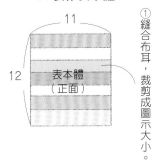

11

12　表本體（正面）

①縫合布耳，裁剪成圖示大小。

完成尺寸	
No.39：寬30×長29×側身10cm（提把38cm）	
No.40：寬48×長29×側身12cm（提把48cm）	
原寸紙型	
無	

材料（■…No.39・■…No.40・■…通用）

表布（布耳）適量
配布（棉布）60cm×70cm・95cm×55cm
裡布（棉布）40cm×90cm・55cm×95cm
單膠鋪棉（薄）40cm×75cm・55cm×90cm
厚接著襯（Decovil）25cm×20cm・40cm×25cm
接著襯（中薄）40cm×10cm／25號繡線 適量

提把（背面）
5·8　5·8　0.5
中心
⑥ 將提把暫時車縫固定於接縫位置。
表本體（正面）

※另一側也以相同縫法暫時固定。

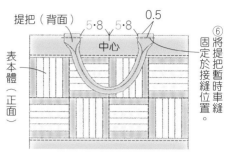

4. 接縫內口袋

② 預留返口，車縫。
① 將2片內口袋正面相對疊放。
內口袋（背面）
內口袋（正面）
返口10cm

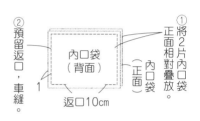

↓

④ 車縫。
③ 翻至正面。
0.5
0.5
內口袋（正面）

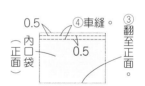

↓

中心
⑤ 將內口袋疊合於裡本體。
⑥ 車縫。
7·8
0.5　0.5
內口袋（正面）
裡本體（正面）

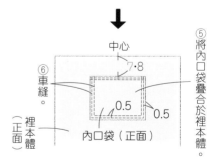

5. 套疊表本體＆裡本體

① 將表本體＆裡本體正面相對疊合。
② 車縫。
1
裡本體（背面）
1
表本體（正面）

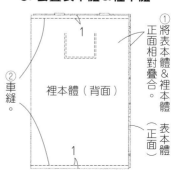

---

2. 製作提把
No.39

中心
提把（正面）
提把（背面）
① 在提把的背面側燙貼中薄接著襯。
② 背面相對四摺邊。
③ 車縫。
0.2
0.2
4

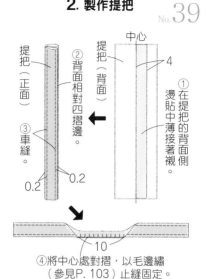

↓

10
④ 將中心處對摺，以毛邊繡（參見P.103）止縫固定。

No.40

中心
提把（背面）
提把（正面）
① 在提把的背面側燙貼單膠鋪棉。
② 兩邊往中央摺疊。
③ 對摺後，以捲針縫止縫固定。
摺雙
提把（正面）
5
5
5
5

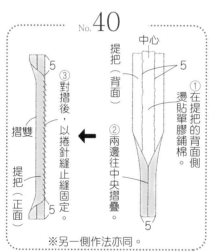

※另一側作法亦同。

3. 製作表本體

③ 並以繡線壓線，縫份倒向口布側，
口布（正面）
0.2
① 將口布＆底布正面相對疊合於布邊，取1cm縫份縫合。
表本體（正面）
④ 並以繡線壓線，縫份倒向底布側，
0.2　底布（正面）
表本體（正面）
口布（正面）
⑤ 在接縫處以繡線壓線（落針壓線）。
② 在背面側燙貼單膠鋪棉。

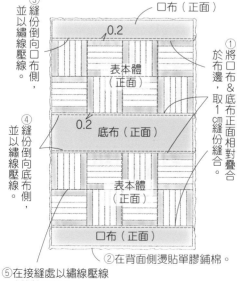

（裁布圖）
※標示尺寸已含縫份。
※■…No.39・■…No.40・■…通用

40·50
16·10 提把		配布（正面）
16·10 提把		
7 口布	11·13 底板	
7 口布		
20·14 底布	11·13 底板	
32·50	21·37	

70·55cm
60·95cm

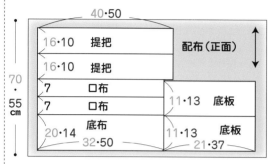

內口袋
14·17
17·22　17·22
32·50
裡本體
35·36
裡布（正面）
90cm
95cm
摺雙
40·55cm

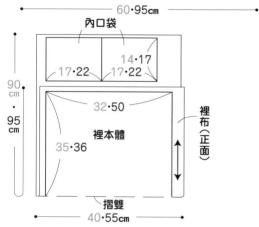

1. 製作表本體

① 依P.104作法1.，將布耳接縫成正方形布片。
12·14
12·14

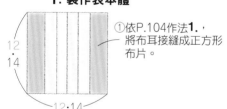

※No.39製作12片，No.40製作16片。

↓

1
② No.39取6片、No.40取8片，以1cm縫份如圖所示進行接縫。
1

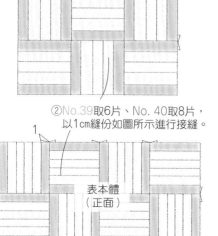

表本體（正面）
1

※製作2片。

6. 製作底板

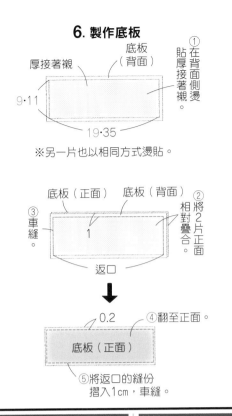

⑤將返口的縫份
摺入1cm，車縫。

※另一片也以相同方式燙貼。

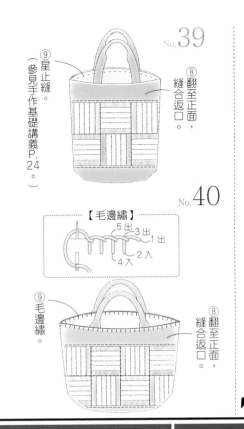

No.39

No.40

【毛邊繡】

5出 3出 1出
2入
4入

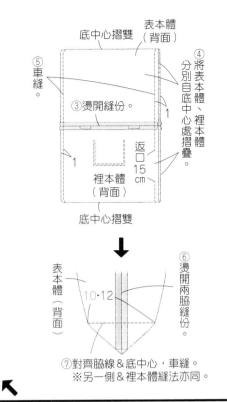

⑦對齊脇線＆底中心，車縫。
※另一側＆裡本體縫法亦同。

完成尺寸	材料	
寬21×長18×側身5cm	表布（布耳）適量	
	裡布（棉布）50cm×20cm	
原寸紙型	單膠鋪棉 50cm×20cm	**P.37 _ No.43**
D面	樹脂口金（寬14cm 高7.5cm）1個	**口金波奇包**

---

2. 套疊表本體＆裡本體

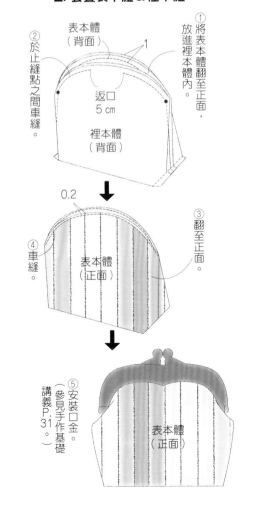

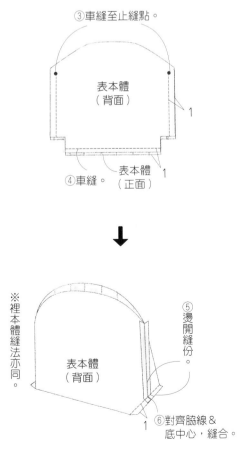

裁布圖

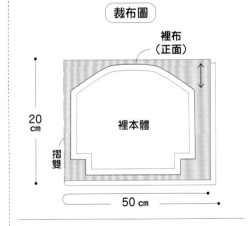

1. 製作表本體·裡本體

① 參見P.104作法1.，將布耳接縫成約
40×20cm後，裁剪2片表本體。

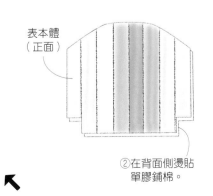

② 在背面側燙貼
單膠鋪棉。

圓弧底波奇包

完成尺寸
寬20.5×長19cm

原寸紙型
B面

材料
表布（牛津布）50cm×25cm／配布（布耳）適量
裡布（棉布）25cm×50cm／雙膠接著襯 25cm×20cm
單膠鋪棉（厚）50cm×25cm
創意塑鋼拉鍊 55cm
包鈕 2cm 2顆／25號繡線

---

3. 製作裡本體，並與表本體套疊

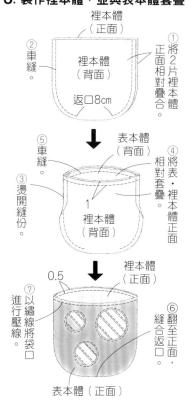

裡本體（正面）
② 車縫。
裡本體（背面）
① 將2片裡本體正面相對疊合。
返口8cm

⑤ 車縫。
表本體（背面）
④ 將表·裡本體正面相對套疊。
③ 燙開縫份。
裡本體（背面）
裡本體正面

裡本體（正面）
0.5
⑦ 以繡線進行壓線。
⑥ 翻至正面，縫合返口。
表本體（正面）

4. 接縫拉鍊

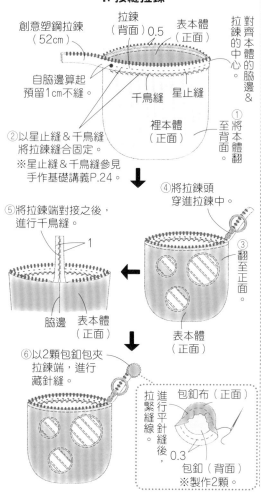

創意塑鋼拉鍊（52cm）
拉鍊（背面）0.5
表本體（正面）
對齊本體的脇邊&拉鍊的中心。
自脇邊算起預留1cm不縫。
千鳥縫
星止縫
裡本體（正面）
① 將本體翻至背面。

② 以星止縫&千鳥縫將拉鍊縫合固定。
※星止縫&千鳥縫參見手作基礎講義P.24。

④ 將拉鍊頭穿進拉鍊中。
③ 翻至正面。
表本體（正面）

⑤ 將拉鍊端對接之後，進行千鳥縫。
1
脇邊
表本體（正面）
表本體（正面）

⑥ 以2顆包鈕包夾拉鍊端，進行藏針縫。

進行平針縫後，拉緊縫線。
包鈕布（正面）
0.3
包鈕（背面）
※製作2顆。

---

2. 製作表本體

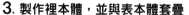
小 中 大 小 中 大

① 依紙型，將雙膠棉襯裁剪成大·中·小各2片圓形。

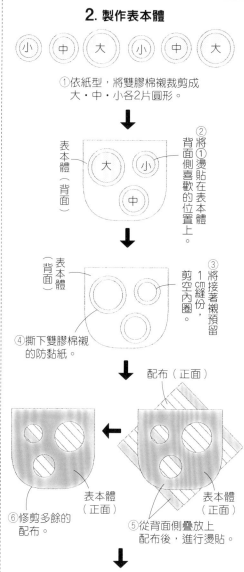

表本體（背面）
大 小 中
② 將①燙貼在表本體背面側喜歡的位置上。

表本體（背面）
③ 將接著襯預留1cm縫份，剪空內圈。
④ 撕下雙膠棉襯的防黏紙。

配布（正面）
⑥ 修剪多餘的配布。
表本體（正面）
表本體（正面）
⑤ 從背面側疊放上配布後，進行燙貼。

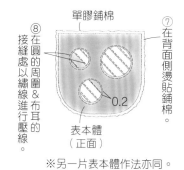
單膠鋪棉
⑧ 在圓的周圍&布耳的接縫處以繡線進行壓線。
⑦ 在背面側燙貼鋪棉。
0.2
表本體（正面）

※另一片表本體作法亦同。

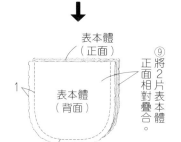
表本體（正面）
表本體（背面）
1
⑨ 將2片表本體正面相對疊合。
⑩ 車縫。

※包鈕布無原寸紙型。
　請依標示尺寸（已含縫份）直接裁剪。

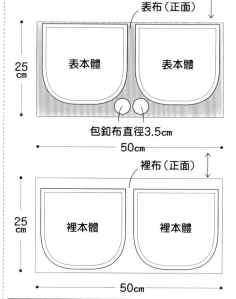

表布（正面）
25cm
表本體　表本體
包鈕布直徑3.5cm
50cm

裡布（正面）
25cm
裡本體　裡本體
50cm

1. 製作配布

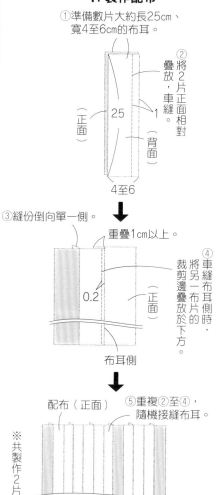

① 準備數片大約長25cm、寬4至6cm的布耳。

25
（正面）（背面）
4至6
② 將2片正面相對疊放，車縫。

③ 縫份倒向單一側。

重疊1cm以上。
0.2
（正面）
（正面）
④ 車縫布耳側，將另一布耳的裁剪邊疊放於下方。
布耳側

配布（正面）
⑤ 重複②至④，隨機接縫布耳。
※共製作2片。
約25cm

材料

表布（仿貴賓犬毛）30cm×40cm／配布A（棉布）20cm×20cm
配布B（棉布）10cm×10cm／裡布（棉布）25cm×20cm
眼珠釦 0.4cm 2顆／不織布（白色）5cm×5cm
毛線娃娃鼻子（黑色）1cm 1顆／波浪形織帶 寬2cm 10cm
兩腳釘 直徑0.7cm 4個／FLATKNIT®拉鍊 18cm 1條
鑰匙圈五金 1個／填充顆粒 適量／手藝填充棉花 適量

P.51 _ No.49
大野狼波奇包

裁布圖

※手＆領巾無原寸紙型。
　請依標示尺寸（已含縫份）直接裁剪。

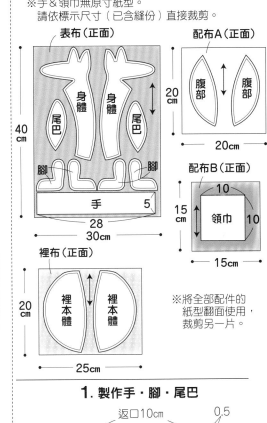

表布（正面）

配布A（正面）

身體　身體
尾巴　尾巴
腳　　腳
手　5

40cm
30cm
28

腹部　腹部
20cm
20cm

配布B（正面）

15cm
領巾
10
10
15cm

裡布（正面）

裡本體　裡本體
20cm
25cm

※將全部配件的
紙型翻面使用，
裁剪另一片。

⑭將尾巴安裝在
拉鍊的拉鍊頭上。

尾巴

手

事先將五金
穿過手部。

⑬在與身體安裝固定處
以錐子打孔，並以
兩腳釘安裝手＆腳。

腳

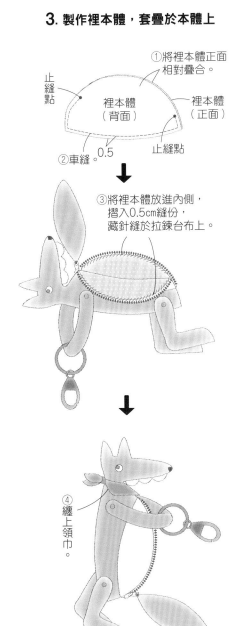

3. 製作裡本體，套疊於本體上

①將裡本體正面
相對疊合。

止縫點
裡本體
（背面）
裡本體
（正面）

②車縫。　0.5　止縫點

③將裡本體放進內側，
摺入0.5cm縫份，
藏針縫於拉鍊台布上。

④纏上領巾。

尾巴
（正面）

⑩將尾巴正面
相對疊合。

尾巴
（背面）

返口
4
cm

⑪車縫。

0.5

尾巴
（正面）

⑫翻至正面，
藏針縫返口。

2. 製作身體

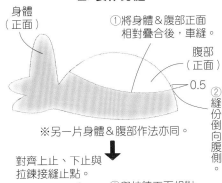

身體
（正面）

①將身體＆腹部正面
相對疊合後，車縫。

腹部
（正面）

0.5

②縫份倒
向腹側。

※另一片身體＆腹部作法亦同。

對齊上止、下止與
拉鍊接縫止點

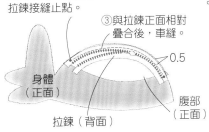

③與拉鍊正面相對
疊合後，車縫。

0.5

身體
（正面）

拉鍊（背面）

腹部
（正面）

※另一片身體同樣接縫於拉鍊的另一側。

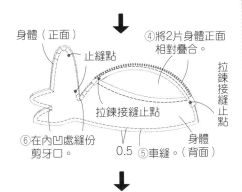

身體（正面）

止縫點

④將2片身體正面
相對疊合。

拉鍊接縫止點

拉鍊接縫止點

⑥在內凹處縫份
剪牙口。

0.5

⑤車縫。（背面）

身體
（正面）

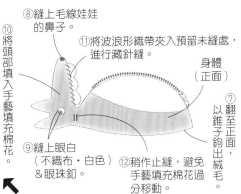

⑧縫上毛線娃娃
的鼻子。

⑩將頭部填入手藝填充棉花。

⑪將波浪形織帶夾入預留未縫處，
進行藏針縫。

身體
（正面）

⑨縫上眼白
（不織布·白色）
＆眼珠釦。

⑫稍作止縫，避免
手藝填充棉花過
分移動。

⑦以錐子鉤出絨毛。

1. 製作手·腳·尾巴

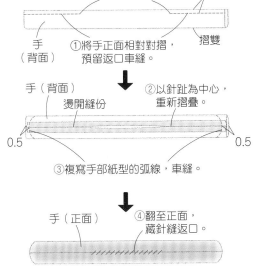

返口10cm

0.5

手
（背面）

①將手正面相對對摺，
預留返口車縫。

摺雙

手（背面）

燙開縫份

②以針趾為中心，
重新摺疊。

0.5

0.5

③複寫手部紙型的弧線，車縫。

手（正面）

④翻至正面，
藏針縫返口。

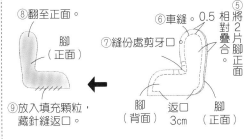

⑧翻至正面。

⑥車縫。0.5

⑤將2片腳正面
相對疊合。

⑦縫份處剪牙口

腳
（正面）

腳
（背面）

返口
3cm

腳
（正面）

⑨放入填充顆粒，
藏針縫返口。

完成尺寸
高約30cm

原寸紙型
D面

材料

表布（平織布）50cm×20cm／**配布A**（條紋棉布）25cm×60cm
配布B（亞麻布）30cm×35cm／**不織布**（紅色）10cm×20cm
仿麂皮（茶色）25cm×10cm／蒂羅爾裝飾繡帶 寬1.5cm 50cm
鈕釦 1cm 1顆・0.7cm 3顆／中細毛線（黃色）／按釦 0.7cm 3顆
25號繡線（茶色・水藍色・白色・粉紅色・深粉紅色・紅色・黑色）

重複相同作法，填滿全體。

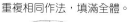

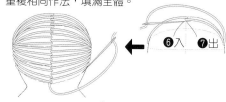

④瀏海7：3分後，縫合固定。

⑤並用來隱藏後髮的髮際線，用6條毛線製作長40cm的三股編，加以止縫固定。

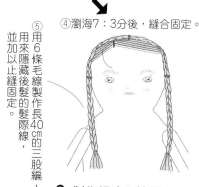

3. 製作領片＆袖子

③翻至正面，藏針縫返口。

領片（正面）　返口4cm　0.5

②車縫。　領片（背面）

領片（正面）

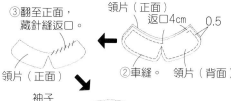

袖子（正面）

④平針縫之後，拉緊縫線。

8cm

⑥包捲縫份，車縫。

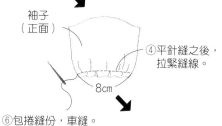

袖子（正面）　0.2
袖口（背面）
袖子（正面）　0.5
袖口（正面）
⑤車縫。
0.5　1

4. 製作身片

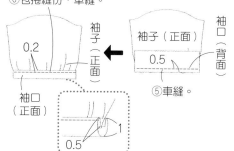

①將前後身片正面相對疊合，車縫。
前身片（正面）　0.5
②摺疊、車縫。
1　0.2
後身片（背面）

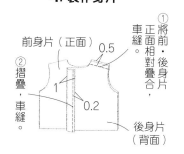

※另一片的後身片也以相同作法縫合。

【緞面繡】
1出　3出　2入
3出

【輪廓繡】
1出　3出
2入

【法國結粒繡】
1　3入

【直線繡】
捲線2次。
3出　1入
1入　2入
3入　1出

③剪牙口。

前本體（正面）

後本體（背面）　②車縫。　0.5

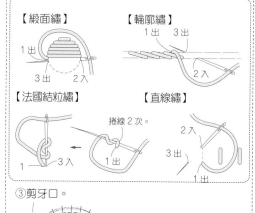

腳（背面）　0.5
手（背面）　返口4cm

④翻至正面。　腳（正面）　手（正面）

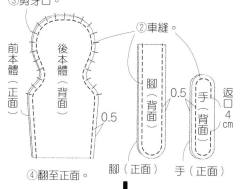

⑤填入手藝棉花，藏針縫填充返口。　手（正面）

⑨將頸部縮緊。以線捲繞約2次，

⑧藏針縫手接縫位置。

前本體（正面）

⑦將本體縫份內摺，包夾兩腳，進行藏針縫。0.5cm，包夾兩腳

⑥填入手藝填充棉花。

腳（正面）

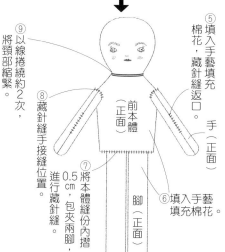

2. 接縫頭髮

約8cm　瀏海

②在兩側止縫固定。

①先在手指上纏繞6圈毛線，纏繞約2次，

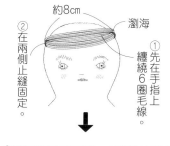

③沿著紙型的指引線，接縫後片頭髮。

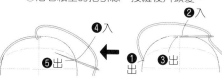

②入　④入
⑤出　①　③出

裁布圖

※裙子、胸襠、肩帶、腰帶、袖口無原寸紙型，請依標示尺寸（已含縫份）直接裁剪。

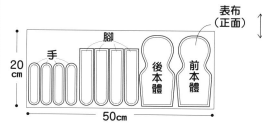

表布（正面）
手　腳
後本體　前本體
20cm
50cm

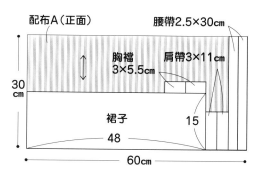

配布A（正面）　腰帶2.5×30cm
胸襠3×5.5cm　肩帶3×11cm
30cm
裙子　15
48
60cm

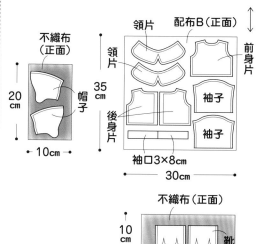

不織布（正面）
帽子
10cm
領片　配布B（正面）　前身片
領片
後身片　袖子　袖子
35cm
袖口3×8cm
30cm

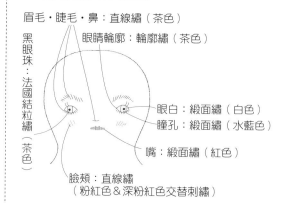

不織布（正面）
靴子
10cm
25cm

1. 製作身體

①進行刺繡（皆取1股）。

眉毛・睫毛・鼻：直線繡（茶色）
眼睛輪廓：輪廓繡（茶色）
黑眼珠：法國結粒繡（茶色）
眼白：緞面繡（白色）
瞳孔：緞面繡（水藍色）
嘴：緞面繡（紅色）
臉頰：直線繡（粉紅色＆深粉紅色交替刺繡）

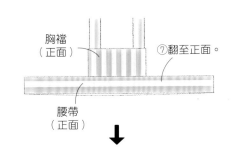

胸襠（正面）
⑦翻至正面。
腰帶（正面）

↓

⑨將肩帶＆鈕釦（0.7cm）一起止縫固定。
⑧將腰帶摺疊0.5cm，包夾裙子，車縫固定。

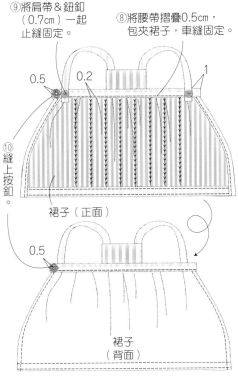

0.5
0.2
1
⑩縫上按釦。
裙子（正面）
0.5
裙子（背面）

7. 製作帽子

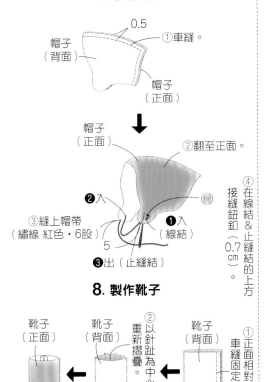

0.5
①車縫。
帽子（背面）
帽子（正面）

帽子（正面）
②翻至正面。
③縫上帽帶（繡線 紅色·6股）
❷入
❶入（線結）
5
❸出（止縫結）
④接縫鈕釦&止縫結的上方接縫鈕釦（0.7cm）。

8. 製作靴子

靴子（正面）
靴子（背面）
②以針趾為中心，重新摺疊。
靴子（背面）
①車縫固定。
靴子（背面）
③翻至正面。
②車縫。
0.5
正面相對摺疊

1出
②捲繞3股白色繡線上，於飛羽繡的主軸上，
0.5
0.5

↓

⑥平針縫之後，拉緊縫線。
0.5
0.2
29cm
⑤於正面側將0.5cm寬度三0.5cm摺邊車縫
裙子（正面）
0.9
0.2
0.5
0.2
④疊放上蒂羅爾裝飾繡帶之後，車縫。
③摺往正面側。

6. 接縫胸襠

肩帶（背面）
摺雙
0.5
①正面相對摺疊，車縫。

↓

肩帶（正面）
②翻至正面。
※另一片肩帶作法亦同。

↓

胸襠（正面）
③將2片胸襠正面相對疊合，包夾肩帶。
④車縫
胸襠（背面）
0.5
肩帶（正面）

↓

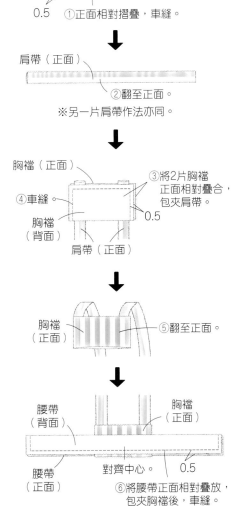

胸襠（正面）
⑤翻至正面。

↓

腰帶（背面）
胸襠（正面）
腰帶（正面）
對齊中心。
0.5
⑥將腰帶正面相對疊放，包夾胸襠後，車縫。

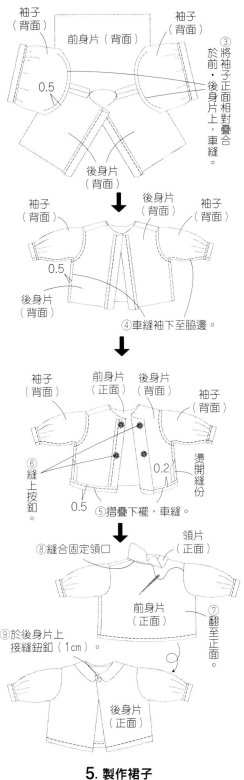

袖子（背面）
前身片（背面）
袖子（背面）
0.5
③將袖子正面相對疊合於前·後身片上，車縫。

↓

袖子（背面）
後身片（背面）
袖子（背面）
0.5
④車縫袖下至脇邊。

↓

袖子（背面）
前身片（正面）
後身片（背面）
袖子（背面）
⑥縫上按釦。
0.5
0.2
燙開縫份
⑤摺疊下襬，車縫。

↓

⑧縫合固定領口
領片（正面）
⑨於後身片上接縫鈕釦（1cm）。
前身片（正面）
⑦翻至正面。
後身片（正面）

5. 製作裙子

※寬0.6cm的直條紋布。

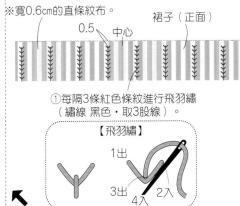

0.5
中心
裙子（正面）
①每隔3條紅色條紋進行飛羽繡（繡線 黑色·取3股線）。

【飛羽繡】
1出
3出
4入
2入

完成尺寸
寬22.5×長33.5cm

原寸紙型
D面

材料
表布（亞麻布）60cm×80cm
接著襯（厚不織布）30cm×80cm
單膠鋪棉（硬）25cm×5cm／**不織布襯**（黑色）5cm×5cm
25號繡線（白色・黑色）
5號繡線（青綠色・水藍色・若草色）

P.53_No.52
木雕熊掛飾

4. 製作頭部

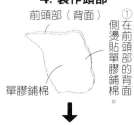

① 在前頭部側燙貼單膠鋪棉的背面。

前頭部（背面）
單膠鋪棉

↓

② 在前頭部進行刺繡。※（顏色・繡線的股數）

以車縫線#40（黑色）沿完成線進行電腦刺繡。
以車縫線#40（黑色）將耳朵進行電腦刺繡。
前頭部（正面）
以5號繡線（青綠色・1股）進行緞面繡（參見P.106）。
以5號繡線（青綠色・1股）進行直線繡（參見P.106）。
以25號繡線（白色・3股）在眼白處進行法國結粒繡（參見P.106）。
以25號繡線（黑色・3股）在眼睛・鼻子・嘴巴的線段進行回針繡。

燙貼不織布襯在眼睛&鼻子處。

【回針繡】
進行方向
3出 1出2入

↓

④ 翻至正面。

前頭部（正面）
前頭部（正面）
③ 0.2cm沿完成線外側車縫。
返口
0.8
後頭部（背面）
前頭部（正面）

5. 完成縫製

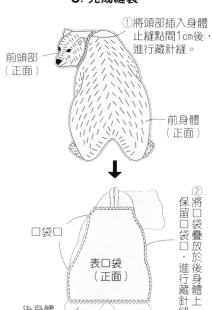

① 將頭部插入身體止縫點間1cm後，進行藏針縫。

前頭部（正面）
前身體（正面）

↓

② 將口袋疊放於後身體上，保留口袋口，進行藏針縫。
口袋口
口袋口
表口袋（正面）
後身體（正面）

3. 製作身體

① 在前身體背面側的完成線內，燙貼單膠鋪棉。

前身體（背面）
單膠鋪棉

↓

② 在前身體上進行刺繡。※（顏色・繡線的股數）

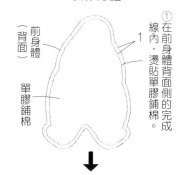

以5號繡線進行直線繡（參見P.106）。
※顏色隨機，以青綠色刺繡之後，其間再以水藍色・若草色進行刺繡。
前身體（正面）
以車縫線#40（黑色）沿完成線進行電腦刺繡。
以車縫線#40（黑色）將爪、手、腳的線進行電腦刺繡。

↓

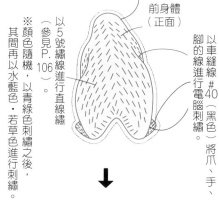

止縫點
止縫點
④ 0.2cm沿完成線外側車縫。
③ 將前・後身體正面相對疊合。
後身體（背面）
前身體（正面）
0.8

↓

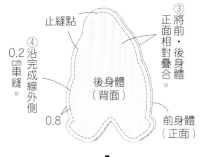

⑥ 將止縫點之間的縫份內摺1cm。
⑤ 翻至正面。
前身體（正面）

裁布圖

※吊耳無原寸紙型，請依標示尺寸（已含縫份）直接裁剪。
※▨需於背面側燙貼接著襯。

※將全部配件的紙型翻面使用，裁剪另一片。

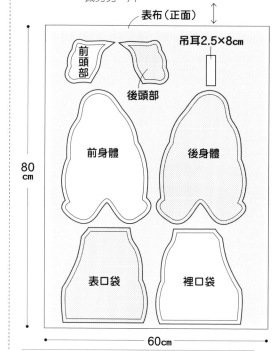

表布（正面）
吊耳2.5×8cm
前頭部
後頭部
前身體
後身體
表口袋
裡口袋
80cm
60cm

1. 製作吊耳

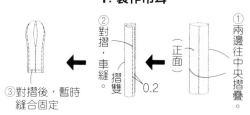

① 兩邊往中央摺疊。
（正面）
② 對摺，車縫。
摺雙
0.2
③ 對摺後，暫時縫合固定。

2. 製作口袋

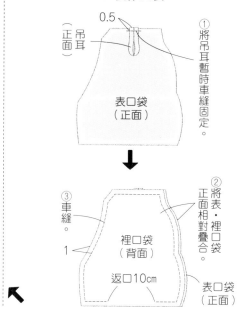

0.5
正面
① 將吊耳暫時車縫固定。
表口袋（正面）

↓

③ 車縫
② 將表・裡口袋正面相對疊合。
裡口袋（背面）
返口10cm
表口袋（正面）

108

刺繡緞帶波奇包

完成尺寸

寬17×16cm

原寸紙型

D面

材料

表布（亞麻布）70cm×20cm

裡布（棉布）80cm×25cm

金屬拉鍊 16cm

緞帶 寬3.5至8cm 40cm

---

⑩燙開縫份。

裡口布（正面）

裡口布（背面）

⑨車縫。

1

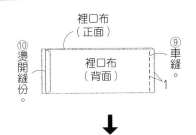

裡拉鍊口布（正面）

裡口布（背面）

⑪對齊裡拉鍊口布&裡口布，車縫。

1

⑫翻至正面。

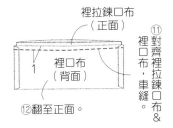

3. 接縫口布

①將裡口布放進表本體內。

②將本體的細摺對齊口布後，車縫。

1

表本體（正面）

裡口布（正面）

③拆除下側的粗針目車縫線。

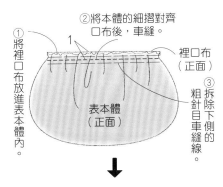

④翻至正面，縫份倒向裡口布側。

表拉鍊口布（正面）

裡口布（背面）

表本體（正面）

⑤將拉鍊口布放進內部。

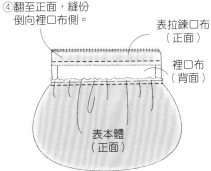

表拉鍊口布（正面）

⑦藏針縫。

⑥纏繞緞帶，再重疊1cm，摺入1cm後，

表本體（正面）

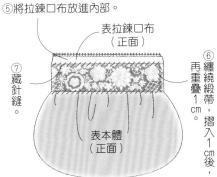

---

④粗針目車縫後，抽拉細褶。

0.5

1.3

表本體（正面）

細褶止點　　細褶止點

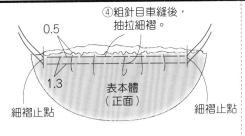

※另一側也依相同方式抽拉細褶。

2. 製作口布

對齊中心。

①暫時車縫固定。

0.5

拉鍊（背面）

表拉鍊口布（正面）

0.7

②車縫。

表拉鍊口布（正面）

裡拉鍊口布（背面）

裡拉鍊口布（背面）

表拉鍊口布（正面）

③翻至正面，另一側縫法亦同。

拉鍊（正面）

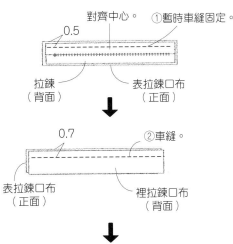

表拉鍊口布（背面）

④燙開縫份。

⑤表拉鍊口布、裡拉鍊口布各自對齊

表拉鍊口布（背面）

1

⑦燙開縫份。

表拉鍊口布（背面）

⑥車縫。

裡拉鍊口布（正面）

⑧露出裡拉鍊口布側，翻至正面。

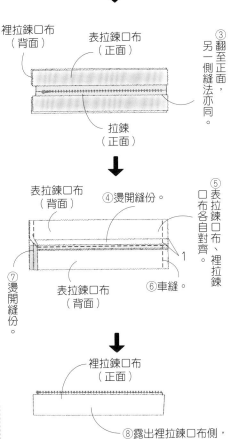

（裁布圖）

※除了表‧裡本體之外皆無原寸紙型，請依標示尺寸（已含縫份）直接裁剪。

表拉鍊口布　　表布（正面）

3.2

19

表本體

20cm

摺雙

70cm

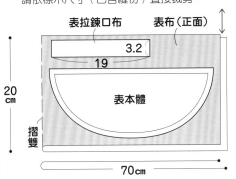

裡布（正面）

裡拉鍊口布

19

裡口布

3.2

緞帶寬+2

19

裡本體

25cm

摺雙

80cm

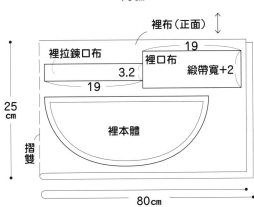

1. 製作本體

表本體（背面）

表本體（正面）

1

①車縫。

※裡本體縫法亦同。

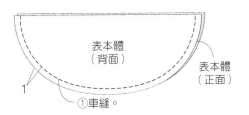

裡本體（正面）

③把裡本體放進內部。

表本體（正面）

②將表本體翻至正面。

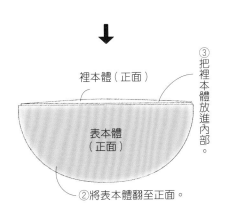

完成尺寸	材料
總長 84cm 腰圍 60至90cm	表布（薄棉布）108cm×350cm 配布（亞麻布）110cm×70cm 接著襯（中薄）110cm×50cm
原寸紙型 D面	

剪接圍裹裙

1. 製作腰帶吊耳、綁繩A・B

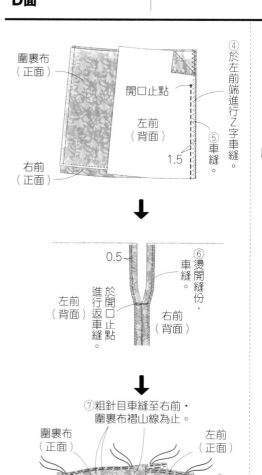

④於左前端進行Z字車縫。

⑤車縫。

開口止點

左前（背面）

右前（正面）

圍裹布（正面）

1.5

⑥車縫。
於開口止點進行返車縫。

燙開縫份，進行返車縫。

0.5

左前（背面）

右前（背面）

⑦粗針目車縫至右前・圍裹布褶山線為止。

圍裹布（正面）

左前（正面）

⑩縫份到向後側。

⑧車縫。

後片（背面）

⑨2片一起進行Z字車縫。

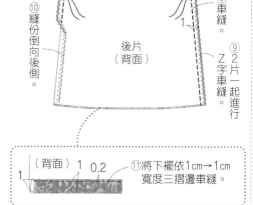

（背面） 1 0.2

⑪將下襬依1cm→1cm寬度三摺邊車縫。

3. 接縫裙腰

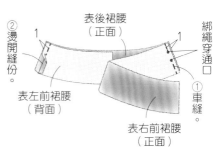

②燙開縫份。

表後裙腰（正面）

1

綁繩穿通口

表左前裙腰（背面）

①車縫。

表右前裙腰（正面）

※裡裙腰作法亦同。

【腰帶吊耳】

①Z字車縫。

②依1cm寬度三摺邊車縫。

0.2　0.2
1

腰帶吊耳（正面）

4.5

腰帶吊耳（背面）

※製作3條。

【綁繩A・B】

綁繩A（背面）

綁繩A（正面）

綁繩A（背面）

①車縫。

1

②燙開縫份。

綁繩A（背面）

③依圖示順序摺疊

❶　❷　❸　1　1

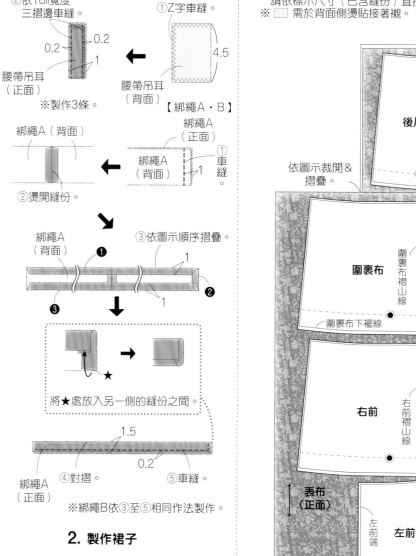

將★處放入另一側的縫份之間。

1.5　0.2

綁繩A（正面）

④對摺

⑤車縫。

※綁繩B依③至⑤相同作法製作。

2. 製作裙子

圍裹布（背面）

①依1cm→1cm寬度三摺邊車縫。

1　0.2

右前（正面）

0.5

②暫時車縫固定。

圍裹布（正面）

③2片一起進行Z字車縫。

裁布圖

※綁繩A・B、腰帶吊耳皆無原寸紙型，請依標示尺寸（已含縫份）直接裁剪。
※▨ 需於背面側燙貼接著襯。

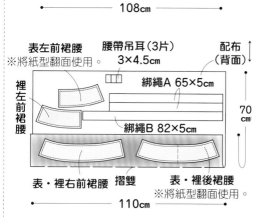

後片

後中心線摺雙

摺雙

依圖示裁開＆摺疊。

圍裹布

圍裹布褶山線

圍裹布端

圍裹布下襬線

右前

右前褶山線

右前端

表布（正面）

左前端

左前

※將紙型翻面使用。

350 cm

108cm

表左前裙腰
※將紙型翻面使用。

腰帶吊耳(3片)
3×4.5cm

配布（背面）

裡左前裙腰

綁繩A 65×5cm

綁繩B 82×5cm

表・裡右前裙腰　摺雙

表・裡後裙腰
※將紙型翻面使用。

70 cm

110cm

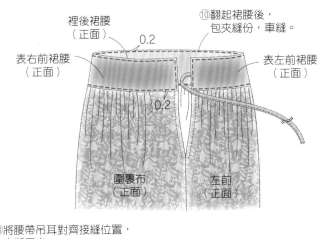

裡後裙腰（正面）
0.2
⑩翻起裙腰後，包夾縫份，車縫。
表右前裙腰（正面）
0.2
表左前裙腰（正面）
圍裏布（正面）
左前（正面）

⑬將腰帶吊耳對齊接縫位置，車縫固定。※共3處。
0.2
摺入1cm。

⑫將綁繩B對齊接縫位置，車縫固定。
摺入1cm。 0.2

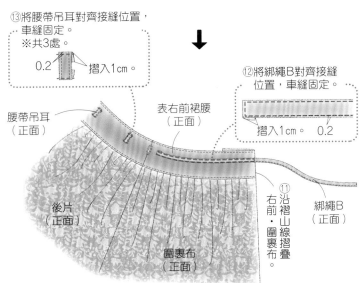

腰帶吊耳（正面）
表右前裙腰（正面）
⑪沿褶山線摺疊右前・圍裏布。
綁繩B（正面）
後片（正面）
圍裏布（正面）

④於左脇包夾綁繩A。

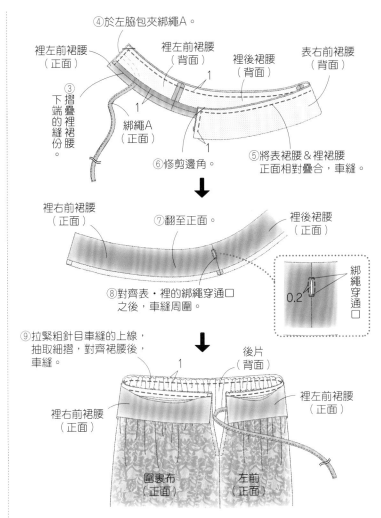

裡左前裙腰（正面）
裡左前裙腰（背面）
裡後裙腰（背面）
表後前裙腰（背面）
1
③摺疊裡裙腰下端的縫份。
1
綁繩A（正面）
⑥修剪邊角。
1
⑤將表裙腰＆裡裙腰正面相對疊合，車縫。

裡右前裙腰（正面）
⑦翻至正面。
裡後裙腰（正面）

綁繩穿通口
0.2

⑧對齊表・裡的綁繩穿通口之後，車縫周圍。

⑨拉緊粗針目車縫的上線，抽取細摺，對齊裙腰後，車縫。

1
後片（背面）
裡右前裙腰（正面）
圍裏布（正面）
左前（正面）
裡左前裙腰（正面）

完成尺寸	材料	
寬8×長8×高7cm	表布（不織布 紅色）10cm×10cm	P.51 _ No.50
	裡布（不織布 白色）10cm×15cm	蘑菇造型筆套
原寸紙型	羊毛片（紅色）10cmm×10cm／波浪形織帶 寬0.5cm 25cm	
B面	鈕釦 0.5cm 8顆／25號繡線 白色／手藝填充棉花 各適量	

（白色繡線・④輪廓繡・3股）。
捲針縫。
輪廓繡參見P.106。

3. 套疊蕈傘＆蕈褶

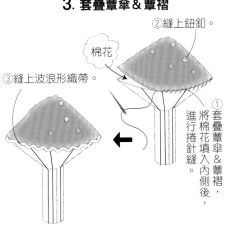

②縫上鈕釦。
棉花
③縫上波浪形織帶。
①套疊蕈傘＆蕈褶，將棉花填入內側後，進行捲針縫。

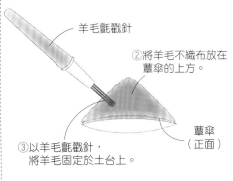

羊毛氈戳針
②將羊毛不織布放在蕈傘的上方。
③以羊毛氈戳針，將羊毛固定於土台上。
蕈傘（正面）

2. 製作蕈褶＆蕈柄

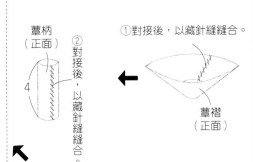

蕈柄（正面）
4
①對接後，以藏針縫縫合。
②對接後，以藏針縫縫合。
蕈褶（正面）

裁布圖

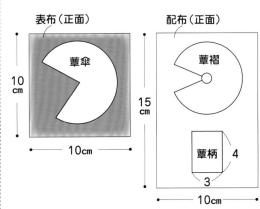

表布（正面）
蕈傘
10cm
10cm

配布（正面）
蕈褶
15cm
蕈柄
4
3
10cm

1. 製作蕈傘

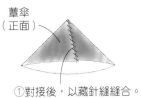

蕈傘（正面）
①對接後，以藏針縫縫合。

完成尺寸
M：總長105cm 腰圍104cm
L：總長110.5cm 腰圍112cm

原寸紙型
B面

材料（■…M・ …L・ ■…通用）
表布（亞麻羊毛棉布）108cm×260cm・270cm
接著襯（薄）80cm×20cm
鈕釦 1.8cm 7顆

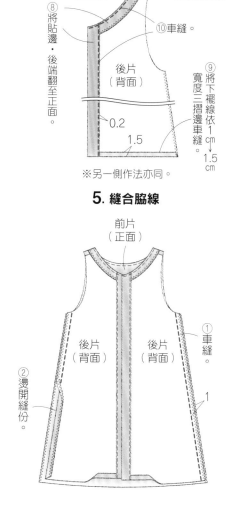

前貼邊（背面）
③依圖示摺疊後端的縫份。
④車縫。
⑤剪牙口。
前片（正面）
後貼邊（背面）
後片（正面）
後片（正面）
後端
3.5
1
1

下襬線
車縫
⑥車縫
⑦裁剪縫份。
1
1

※另一側縫法亦同。

前片（背面）
前貼邊（正面）
0.2
後貼邊（正面）
⑪沿肩部的縫份藏針縫。
⑧將貼邊・後端翻至正面。
⑩車縫。
後片（背面）
0.2
1.5
⑨將下襬線寬度三摺邊車縫1cm。
1.5cm

※另一側作法亦同。

5. 縫合脇線

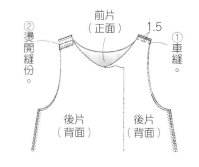

前片（正面）
後片（背面）
後片（背面）
①車縫
1
②燙開縫份

腰帶吊耳（正面）
②Z字車縫。

2. 製作腰帶吊耳・綁繩・斜布條

【腰帶吊耳】
腰帶吊耳（正面）
②裁剪成7cm。
①依1cm寬度三摺邊車縫。
1 0.2
7 7

【綁繩】
①依圖示順序摺疊。
綁繩（正面）
❶ ❷ ❸
1
1

將★處放入另一側的縫份之間。
1
綁繩（正面）
②對摺。
③車縫。
0.2

【斜布條】
斜布條（背面）
0.5
①摺疊。

3. 縫合肩線

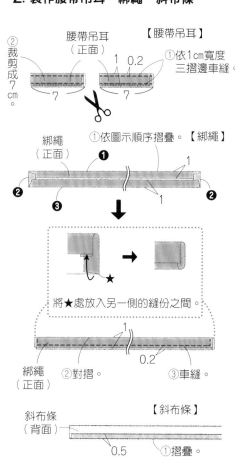

前片（正面）
1.5
②燙開縫份
①車縫。
後片（背面）
後片（背面）

4. 接縫貼邊

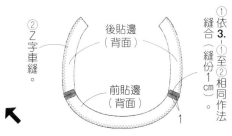

後貼邊（背面）
②Z字車縫。
前貼邊（背面）
①依3.－①至②相同作法縫合（縫份1cm）。

裁布圖

※■…M・■…L・■…通用

參考尺寸 M：身高158cm 腰圍84cm
L：身高166cm 腰圍92cm

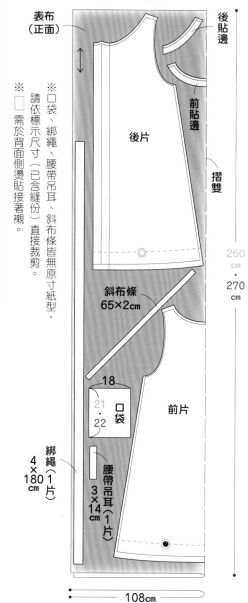

表布（正面）
後貼邊
前貼邊
後片
摺雙
斜布條 65×2cm
18
21・22
口袋
前片
綁繩 4×180cm
腰帶吊耳 3×14cm（1片）

※口袋、綁繩、腰帶吊耳、斜布條皆無原寸紙型，請依標示尺寸（已含縫份）直接裁剪。

※ 需於背面側燙貼接著襯。

260cm・270cm

108cm

1. 縫合前的準備

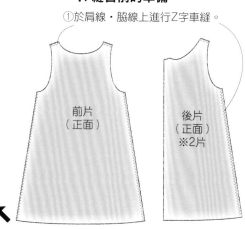

①於肩線・脇線上進行Z字車縫。

前片（正面）
後片（正面）※2片

112

7. 縫製完成

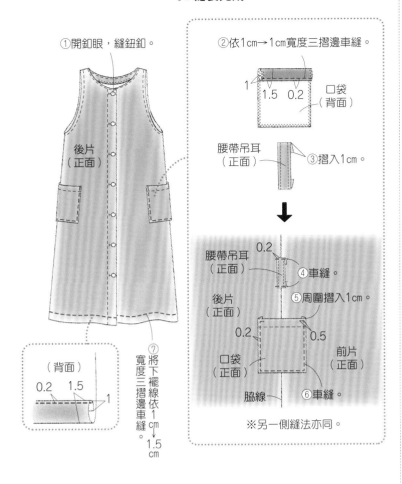

①開釦眼，縫鈕釦。

後片（正面）

（背面）
0.2　1.5
1
⑦將下襬線依1cm三摺邊車縫。
寬度三摺邊車縫。1cm→1.5cm

②依1cm→1cm寬度三摺邊車縫。
1
1.5　0.2
口袋（背面）

腰帶吊耳（正面）
③摺入1cm。

腰帶吊耳（正面）
0.2
④車縫。
⑤周圍摺入1cm。

後片（正面）

口袋（正面）
0.2
0.5
前片（正面）

脇線
⑥車縫。

※另一側縫法亦同。

6. 縫合袖襱

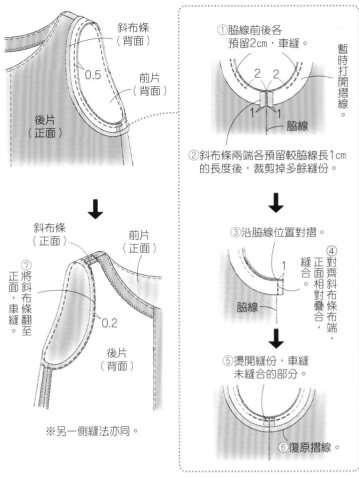

斜布條（背面）
0.5
前片（背面）

後片（正面）

斜布條（正面）
⑦將斜布條翻至正面，車縫。
正面，車縫。

前片（正面）
0.2
後片（背面）

脇線

※另一側縫法亦同。

①脇線前後各預留2cm，車縫。
2　2
1　1
脇線
暫時打開摺線。

②斜布條兩端各預留較脇線長1cm的長度後，裁剪掉多餘縫份。

③沿脇線位置對摺。

④對齊斜布條布端，正面相對疊合。
1
脇線
縫合。

⑤燙開縫份，車縫未縫合的部分。

⑥復原摺線。

完成尺寸	材料	
寬13×頭圍約60cm	**表布**（亞麻羊毛棉布）65cm×35cm	**P.58 _ No.56**
原寸紙型	**鬆緊帶** 寬1cm 15cm	**髮帶**
無		

髮帶 (No.56)

④於本體上重疊1cm，藏針縫。

鬆緊帶穿通布（正面）

本體（正面）

③將鬆緊帶穿進鬆緊帶穿通布中。

※另一側縫法亦同。

3. 接縫飾布

①於本體的中心處纏繞飾布。

本體（正面・裡側）
1

飾布（正面）
②摺入1cm且重疊1cm後，藏針縫。

⑤翻至正面。
本體（正面）

⑥以針趾為中心，重新摺疊。

※鬆緊帶穿通布＆飾布縫法同②至⑥。

2. 接縫鬆緊帶

①將鬆緊帶放入本體內，暫時縫合固定。

本體（正面）
0.5
2
鬆緊帶（12cm）

②抽拉細褶。

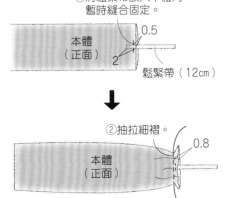

0.8
本體（正面）

裁布圖

※標示尺寸已含縫份。

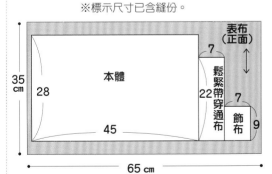

表布（正面）

本體
7
鬆緊帶穿通布
22
7
飾布
9

35cm
28
45
65 cm

1. 製作本體・鬆緊帶穿通布・飾布

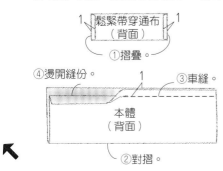

1　鬆緊帶穿通布（背面）　1
①摺疊

④燙開縫份。
1
③車縫
本體（背面）
②對摺。

雅書堂　　　　　搜尋
www.elegantbooks.com.tw

Cotton friend 手作誌
Autumn Edition
2021 vol.54

手作，秋收趣：玩轉季節調色盤！
為平凡日常添上令人心喜的花草圖騰布包＆衣物裝飾

授權	BOUTIQUE-SHA
譯者	周欣芃・彭小玲
社長	詹慶和
執行編輯	陳姿伶
編輯	蔡毓玲・劉蕙寧・黃璟安
美術編輯	陳麗娜・周盈汝・韓欣恬
內頁排版	陳麗娜・造極彩色印刷
出版者	雅書堂文化事業有限公司
發行者	雅書堂文化事業有限公司
郵政劃撥帳號	18225950
郵政劃撥戶名	雅書堂文化事業有限公司
地址	新北市板橋區板新路 206 號 3 樓
網址	www.elegantbooks.com.tw
電子郵件	elegant.books@msa.hinet.net
電話	(02)8952-4078
傳真	(02)8952-4084

2021 年 11 月初版一刷　定價／ 420 元（手作誌 54 ＋別冊）

COTTON FRIEND (2021 Autumn issue)
Copyright © BOUTIQUE-SHA 2021 Printed in Japan
All rights reserved.
Original Japanese edition published in Japan by BOUTIQUE-SHA.
Chinese (in complex character) translation rights arranged with
BOUTIQUE-SHA
through KEIO CULTURAL ENTERPRISE CO., LTD.

經銷／易可數位行銷股份有限公司
地址／新北市新店區寶橋路 235 巷 6 弄 3 號 5 樓
電話／ (02)8911-0825
傳真／ (02)8911-0801

國家圖書館出版品預行編目 (CIP) 資料

手作，秋收趣：玩轉季節調色盤！：為平凡日常添上令人心
喜的花草圖騰布包＆衣物裝飾 /BOUTIQUE-SHA 授權；周欣
芃，彭小玲譯 . -- 初版 . -- 新北市：雅書堂文化事業有限公司，
2021.11
　面；　公分 . -- (Cotton friend 手作誌；54)
ISBN 978-986-302-604-4(平裝)

1. 手工藝

426.7　　　　　　　　　　　　　　110016714

STAFF	日文原書製作團隊
編輯長	根本さやか
編輯	渡辺千帆里　川島順子
編輯協力	浅沼かおり
攝影	回里純子　腰塚良彦　藤田律子　白井由香里
造型	西森 萌
妝髮	タニ ジュンコ
視覺＆排版	みうらしゅう子　牧 陽子　松木真由美
繪圖	爲季法子　三島惠子
	星野喜久代　並木 愛　中村有里
紙型製作	山科文子
紙型放縮	中村有里
校對	澤井清絵

手作基礎講義

製作包包‧波奇包‧布小物的
正確作法訣竅都在這一本！

CLOTH

MEASURE

NEEDLE

PIN CUSHION

CUT

BUTTON

SCISSORS

SEW

THREAD

你曾經在製作包包、波奇包或布小物時,腦中突然閃過懷疑
——這樣的作法(縫法)是正確的嗎?

這本手作基礎講義,為了解決在手作過程中時而出現的困惑與
不確定的作法,彙整了對手作一定有用的基本知識。

請放置於縫紉工作桌的一角,若在製作過程中遇見困擾,就拿
起來翻查吧!
或許能找到讓你的作品更漂亮、製作起來更有效率、更加輕鬆
有趣的好點子喔!

COTTON FRIEND編輯部

contents

基本工具

Ⓒ Clover 株式會社
Ⓙ Janome 工業株式會社

在此將介紹製作小物、包包所需的工具。

描圖紙

描繪紙型與製圖時使用,輕薄且兼具硬度的大張紙。以粗糙面作為正面,也常作為燙貼接著襯時的襯紙使用。

書寫工具(自動筆 & 橡皮擦)

描繪紙型與製圖時使用。

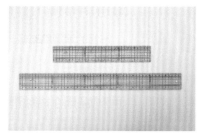

量尺(方格尺)Ⓒ

印有縫紉專用的方格,易於繪製直角,畫縫份時也很便利。且印有方便製作滾邊斜布條的45°線。建議可準備大型布包 & 服飾適用的50cm長,以及小物用的30cm長,兩種長度的尺各一把就會很方便。

布鎮

在描繪紙型或裁剪布料時,放置在紙張、布料及紙型上,避免位移的重物。

消失筆

在布料上畫線、作記號的專用筆。有簽字筆、鉛筆等形式,以水消除或洗滌消除等各種消除線條的方式,請依用途與方便使用的程度選擇。

待針・針插

待針是專門固定紙型或暫時固定布料的針。針一旦彎曲就難以使用,此時就可汰換處理。針插請選擇羊毛等不易讓針生鏽的材質。填充綿容易讓針生鏽,因此請盡量避免。

布剪 Ⓒ

剪布專用的剪刀。不鏽鋼製,輕巧不易生鏽,非常便利。若裁剪布料以外的材質就會變鈍,因此裁剪鬆緊帶等其他物品時,建議儘量準備其他剪刀配合使用。

紙剪

剪紙專用剪刀。除了裁剪紙型,也用來剪鬆緊帶及非布料的塑膠、皮革等材質。

上:線剪/下:小剪刀 皆為 Ⓒ

剪線用剪刀。小剪刀用於進行細部剪牙口等處理時,也相當方便。建議選擇刀刃鋒利的剪刀。

錐子 Ⓒ

除了在接縫鈕釦的位置刺孔作記號之外,亦應用於開釦眼、拉出邊角,以及車縫時壓住布料及拆線等作業,是多用途的工具。

拆線器 Ⓒ

拆線與開釦眼時使用。

熨斗・燙台

燙開布料皺褶、摺疊縫份、燙黏接著襯等作業時使用。

以下要介紹的是：若能擁有，製作過程將更加流暢、成品也會更漂亮的便利工具。

穿帶器・穿繩器

穿入鬆緊帶或綁繩的工具。特別設計成鬆緊帶及繩子不易脫落，且容易穿入的樣式。

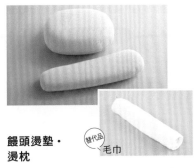

毛巾

饅頭燙墊・燙枕

置入筒狀或立體形狀之中，作為燙台使用。也可以將毛巾捲起，替代燙枕使用。

骨筆

在布料上畫出痕跡作記號的工具。作不醒目的記號、畫線使摺線易於製作、在無法使用熨斗的布料或硬布上作摺線等，用途廣泛（用法參見P.25）。

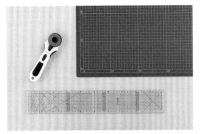

左・輪刀／右・切割墊／下・切割尺

（止滑尺）皆為 Ⓒ

輪刀能正確且漂亮地裁切布料，但下方請務必墊上切割墊。搭配不會被刀片割傷的專用量尺，即可筆直地裁切。

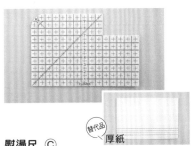

替代品 厚紙

熨燙尺 Ⓒ

用於摺疊縫份，使用耐熱材質製作的尺。也可以在明信片大小的厚紙上畫線替代（用法參見P.25）。

滾輪骨筆 Ⓒ

摺疊、展開縫份時使用的工具。除了摺疊無法熨燙的材質之外，摺疊細部縫份或在帆布等較硬材質壓出褶痕也很好用（用法參見P.25、P.42）。

滾邊器 Ⓒ

穿過依斜布紋裁剪的布條，製作滾邊斜布條的工具。請依想製作的滾邊寬度選擇合適的尺寸。從上往下為25mm、15mm、12mm寬（用法參見P.20）。

強力夾 Ⓒ

用來固定無法使用待針的防水布等材質或硬帆布，或用於暫時固定一般材質的布料也很好用。

皮革頂針

頂針器

套在中指，手縫時由後方推針。可依自己手指粗細製作的皮革頂針較為舒適順手，但縫製較硬的材質時建議使用金屬頂針器。

左：磁針盒
右：磁針鎮Ⓡ 皆為 Ⓚ

內藏磁石的針插。能瞬間吸附縫針，非常方便。亦可用於聚集散落的針。

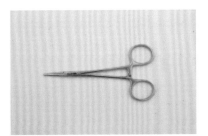

手藝用鉗子 Ⓒ

前端可夾住、拉出物品的工具。想將手指無法伸入的細部處翻面時，非常好用。

手藝用鑷子 Ⓒ

可用於拆除疏縫線、在拷克中穿線。車縫時亦可替代錐子，或在將作品翻至正面時輔助使用（用法參見P.15）。

布料種類

認識布料特性，就能選擇適合作品的布料。

●手作經常使用的布料（棉素材）

薄布 ←——————— 一般 ———————→ 厚布

棉細紋平織布（lawn）

輕薄如絲般光澤，觸感滑順的平織布。以Liberty印花布tana lawn（長纖絲光細棉布）最知名。適合製作上衣等服飾，亦可用於柔軟的布包與小物。

棉密紋平織布（broadcloth）

布料表面有橫紋，高密度的平織布料。柔軟且具有高雅的光澤。由於有適當的硬挺度，好用、易車縫是它的特色。從服飾到小物，運用範圍廣泛。

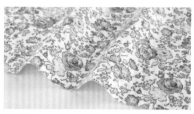

牛津布

具有適當的厚度，不易起皺的平織布料。由於印花款式的選擇多樣，因此以學生用品為首，也常用於布包、波奇包、廚房用品等小物製作。

雙層紗布

重疊並交織兩層紗布的布料。透氣、快乾、吸水性良好，觸感也很溫和，因此除了推薦製作嬰童用品之外，也很適合製作口罩。

平織布

由粗紗編織而成的平織布料。透氣性優異，顏色與圖案的選擇也相當豐富。除了波奇包這類小物以及布套類之外，作為布包內裡也OK。因易於手縫，所以也很適用於拼布手藝。

帆布

以棉布或麻布編織而成的平織厚布。以號數表示布料厚度（重量），號數越小越厚。能以家用縫紉機順暢車縫的厚度大約到11號左右。

●手作經常使用的布料（其他材質）

亞麻

以「亞麻」植物為原料製作的布料。魅力在於略粗且帶有特殊的線節。吸濕性雖然優異，卻因纖維孔洞較大，洗後容易縮水，因此在製作作品之前要先過水。

鋪綿布

在兩片布料之間夾入棉襯，並經車縫壓線固定的布料。具有保溫性，輕巧耐用，因此適合製作學生用品、隔熱手套等廚房小物，以及大衣類的外套。

尼龍

雨傘、雨衣、戶外服飾使用的化學合成纖維總稱。不易起皺，具速乾性，輕巧耐用。作為環保包材質也很受歡迎。

合成皮

在針織或編織布上進行合成樹脂加工，製作成類似真皮的素材。比真皮更加防水，且容易保養。相對於真皮更容易購買的實惠價格也是其魅力。

PVC

是氯乙烯聚合而成的素材。以具防水性及清涼的透明感為其魅力。由於不會綻線，因此無需處理布邊。特別適合製作夏季包款或波奇包。

防水布

在棉或麻質的布料表面進行防水加工處理。裁切邊不易綻線，因此無需處理布邊。耐髒耐用，適合製作單層包及波奇包。

合成皮・PVC・防水布的使用方式參見 P.42

布料處理方式

關於布紋

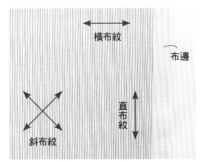

具有方向性的布料

部分布料具有上下方向性，裁布時需特別注意。具有方向的布料，無法以底部摺雙的方式裁剪。在熟練之前，建議紙型全部朝同一方向裁布。

起毛布

撫摸起毛布表面時，會有感覺粗糙的方向（逆毛）與感覺滑順的方向（順毛），若上下顛倒，顏色也會不同。請以顏色看起來較深，往下撫摸時絨毛立起的逆毛狀態進行裁布。

圖案具方向性的布料

圖案僅朝單一方向的布料。若上下不易區分，可以布邊文字由上至下的方向進行確認。

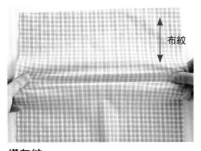

橫布紋

與布邊呈直角的方向，拉扯時具彈性。

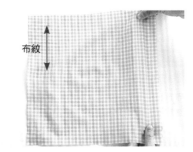

直布紋

與布邊平行。布紋＝直布紋。幾乎沒有彈性。

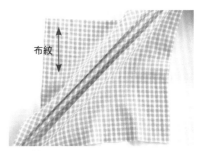

斜布紋

與布邊呈45°角的方向，延伸性極佳。

整理布紋的方法

將布料過水、調整歪斜布紋的手續，稱作「整理布紋」。在裁布之前一定要進行。
過水：會頻繁洗滌的作品與服飾，為了防止完成之後縮水，裁製前要進行將布料浸泡約30分鐘並陰乾，再加以熨燙的「過水處理」。

調整布紋的方法

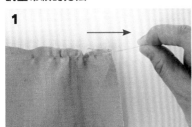

1 抽出一條橫線。

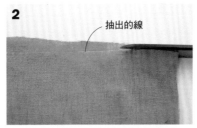

2 以抽出的線為基準，沿橫線筆直裁剪。

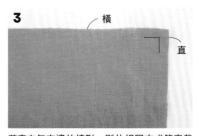

3 若直向無布邊的情形，則依相同方式筆直裁剪直向邊線，並以直向橫向呈直角為裁剪依據。

帆布的布紋整理方式

1 布邊恐會縮水，因此預先修剪掉。

2 抽線，整理布紋。

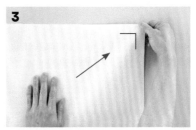

3 由於可能會有直線與橫線歪斜的情況，請拉扯布料調整至呈直角狀。

接著襯

接著襯是指有熱融黏膠塗層的襯，需以熨燙方式黏貼於布料上。

貼襯的作用
- ●使表布硬挺，作出具立體感的作品。
- ●使表布更耐用。
- ●防止表布變形。
- ●防止透出裡布。

接著襯的主要種類

接著襯有分包包用、小物用以及服裝用。薄可透光的款式＆針織類，主要為服裝用。包包、小物用的接著襯則具有適當的厚度，建議選擇以家用熨斗即可簡單黏貼的種類。

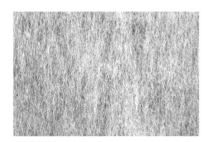

織物型

具有布紋，應以與表布相同的布紋方向黏貼。可保有表布質地手感，較硬的襯也能作出柔韌效果。

不織布型

無布紋，可從任何方向剪布。不易變形，不會綻線，因此使用輕鬆。成品的效果較為僵硬。

單膠鋪棉

鋪棉上有黏膠的款式。即使不在表面進行壓線，也能簡單地作出蓬鬆且具有緩衝功能的作品效果。

接著襯的厚度
貓頭鷹媽媽・日本vilene（株）：Ⓞ　鎌倉SWANY：Ⓢ

在此統一將表布（棉密紋平織布）燙貼上各種接著襯，並縫上裡布（棉密紋平織布），製作寬12 × 高8 × 側身8cm的牛奶糖波奇包，以供清楚比較使用不同厚度接著襯的成品效果。

俐落溫和型 AM-W2/Ⓞ	俐落鮮明型 AM- W3/Ⓞ	SWANY Soft 柔軟型 / Ⓢ	SWANY Medium 中等型 / Ⓢ	紮實硬挺型 AM-W4/Ⓞ	SWANY Hard 硬挺型 / Ⓢ	超硬挺型 AM- W5/Ⓞ

可保留表布質感，柔軟帶有挺度。	能完成輕薄卻具硬挺韌性的效果。	柔軟厚實且帶有彈性。表面不易起皺，成品具有挺度。	呈現出有堅硬度的厚實感與彈性。表面不易起皺，成品具有挺度。	雖然有一定的厚度與硬度，卻不僵硬，手感柔韌。	成品非常堅硬，卻也具有彈性。表面不易起皺，能作出硬挺的成品。	相當堅硬且厚實。具有宛如硬紙般的韌性，曲線處也能漂亮呈現。

薄 ←――――――――――→ 厚

柔軟　　　　　　　　　　　　　　　　堅硬

接著襯的燙貼方法

燙貼接著襯的必要原則

- ●溫度　中溫 140℃ 至 160℃，過低或過高都不行。
- ●壓力　要施以體重用力按壓。
- ●時間　熨斗每次停留 10 秒左右。

1. 整片燙貼的情況

依表布紙型，以大一圈的面積粗略裁布。先將表布確實展開攤平，檢查接著襯黏貼面（背面）有無線頭等雜屑。

為了避免超出尺寸的接著襯沾黏燙台，請將接著襯裁剪得比表布小一圈，黏膠面（粗糙面）朝下放置。

為了避免熨斗髒污，將描圖紙疊放在接著襯上。

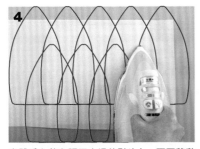

身體重心放在調至中溫的熨斗上，不要移動熨斗地加壓約10秒。重複此步驟，不留死角地燙貼整片布。

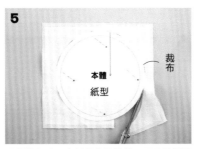

接著襯在冷卻之前都容易脫落，因此請靜置避免移動。待冷卻後再依紙型裁剪。

接著襯燙貼完成。

2. 縫份不燙貼的情況（表布或接著襯較厚實時，可避免縫份太厚）

表布依含縫份的紙型裁剪，並繪製完成線記號。

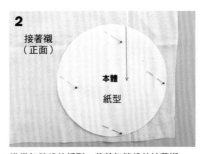

準備無縫份的紙型，裁剪無縫份的接著襯。

對齊完成線記號，將接著襯黏膠面朝下放置，以步驟1.-4相同方式燙貼。

針與線

依布料種類＆特徵選擇針線，就能車縫出截然不同的工整縫線。

●車縫用針與線

車針＆車線要配合布料厚度選擇。若不適合布料，就有可能造成斷線、斷針、縫紉機線張力不均的情形。

車線／（株）FUJIX

布料厚度	薄布	一般	厚布
布料種類	歐根紗・喬其紗	棉密紋平織布、平織布	帆布・丹寧布
車針 ※ 車針…數字越大越粗。	#9 （9號）	#11 （11號）	#14 （14號）
車線 ※ 車線…數字越大越細。為了不易斷線，車線為左撚（Z撚）。	#90 （90號）	#60 （60號）	#30 （30號）

⚠️ 車針屬於消耗品，在折斷之前需定期更換。當車針碰撞到待針、車縫時發出雜音、針尖變鈍時，就是替換的時機。

●手縫用針　　手縫針／皆為 Clover（株）

分為和針＆美式針。從前「和針＝日式裁縫用針」、「美式針＝西式裁縫用針」，但近年來已無太大差異。配合布料厚度與用途，選擇不同長度與粗細使用即可。

和針

普通地用
普通針5
木綿地・麻地・ウール地
三ノ五　がすくけ

舊名…
がす→布料種類，
棉織物的一種。
くけ→縫法種類。

針的粗細…
數字越大針越細。
三→木棉用
四→絹用

針的長度…
數字越大針越長。
數字為一至五

美式針

普通地用
メリケン針7
木綿地・ウール地・麻地
メリケン針 No.7

針的長度…
數字越大越細。號碼為1至12號。

長度…
分為長針・短針兩種。

※ 尚有其他縫製用途的舊名針款，在粗細與長度也各有不同。

區分各種針的用法

通常來說，會依以下規則選針：厚布→粗針，薄布→細針，粗針目→長針，細針目→短針。

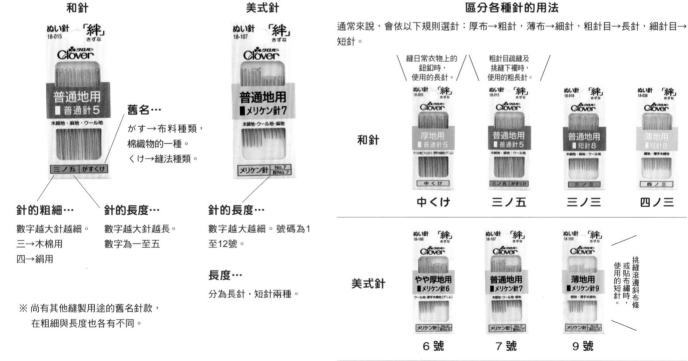

縫日常衣物上的鈕釦時，使用的長針。

粗針目疏縫及挑縫下襬時，使用的粗長針。

和針	厚地用 普通針5	普通地用 普通針5	普通地用 短針8	薄地用 短針8
	中くけ	三ノ五	三ノ三	四ノ三

美式針	やや厚地用 メリケン針6	普通地用 メリケン針7	薄地用 メリケン針9	挑縫滾邊斜布條或貼布繡時，使用的短針。
	6號	7號	9號	

布料厚度	
厚布	薄布

●手縫線

配合手縫時手的動作，為了避免縫線扭轉打結，與車線撚向相反的右（S）撚線。數字越大越細。

化纖線

耐用且不易起毛，洗滌也不會縮水。色彩選擇豐富。

\ 用於縫製浴衣及 /
挑縫等。

\ 用於手縫厚布、 /
縫合鈕釦等。

Schappe Spun
手藝手縫線 # 50
/（株）FUJIX

Schappe Spun
手縫線 #50
/（株）FUJIX

King hi-Spun
鈕釦縫線 #20
（株）FUJIX

木棉線

具穩定的滑順感，易於縫製的手縫線。在縫製同為棉質的素材時，與素材的優異結合是其特色。

\ 用於縫製浴衣、 /
挑縫等。

\ 用於手縫厚布、 /
縫合鈕釦等。

Cotton
手縫線 # 30
（株）FUJIX

棉細線 # 30

棉粗線 # 20

縫紉機

縫紉機主要分為三種，請依用途選擇合適的機種。

容易操作，且可選擇功能性。
家用縫紉機

☑ 有不少輕盈小巧的機種，方便移動。
☑ 除了車縫直線，還能進行 Z 字車縫、鈕釦縫等。
　（也有能刺繡的機種）
☑ 許多機種都能進行縫線自動校正，線張力穩定。
☑ 可左右變換車針位置，能以壓布腳邊緣為基準，輕鬆車縫出等寬的直線。
☑ 由於是水平釜，因此無需梭殼。
☑ 無需上油，以避免故障。

適合需大量車縫厚布或長距離的車線
工業用縫紉機

☑ 與家用機型相比重量較重，也因此較為穩定。
☑ 是車縫直線專用的機器，縫線筆直且車縫快速。
☑ 大馬力，厚布也能順暢車縫。
　（也有能車縫真皮的機種）
☑ 垂直釜，因此需要梭殼。
☑ 需人工調整線張力。
☑ 要上油作定期保養。
☑ 壓布腳等擴充配件（需另購）種類豐富。

漂亮又迅速地處理布邊！
擁有就會很方便的機器
拷克機

☑ 裁切布邊的同時，也以 3 至 4 線捲邊車縫。
☑ 無法車縫一般的直線或壓線。
☑ 適合車縫針織布等彈性素材。

家用縫紉機的主要裝置功能

❶線輪柱
插入線軸。

❷線軸固定器
固定線軸避免脫落。

❸捲底線裝置
在梭子捲下線時使用。

❹手輪
往自己的方向轉動，控制車針一針一針車縫或升降車針。

❺縫紉速度控制器
調節車縫速度。

❻車針位置按鈕
升降車針。
重複操作，可一針一針進行車縫。

❼回針按鈕
進行回針車縫（反向車縫）。

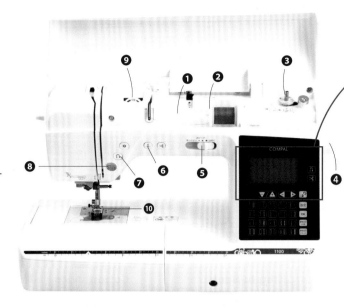

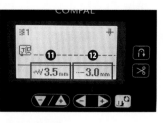

❽停動鈕
啟動或停止縫紉機。若使用有腳踏板的縫紉機種，以腳踩踏即有相同效果。

❾線張力旋鈕
調節上線張力（參見 P.13）。

❿壓布腳
固定布料。可依布料＆車縫方式替換各種壓布腳（參見 P.22-P.23）。

⓫針趾幅度設定
可增加或縮減車線樣式的寬度，也會用來調整車針位置。

⓬針趾長度設定
加粗（加長）或變細（縮短）縫線。一般布料約以 2.5mm 至 3mm 長度車縫。

正確的車縫姿勢

從正面看，身體中心和車針在同一位置。

坐在縫紉機和身體距離約20cm的位置。

機縫的基礎

將布料分量較多的一邊放置在縫紉機空間較大的左側，兩手輕扶布料。

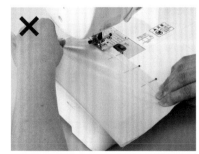

避免勉強拉扯布料。

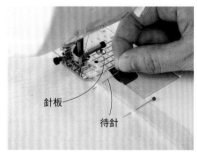

若待針碰撞到送布齒，會引發縫紉機故障，因此在針板（金屬板）靠近前一定要拔針。

不作完成線記號的車縫方法

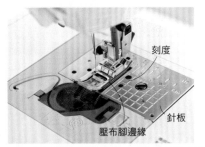

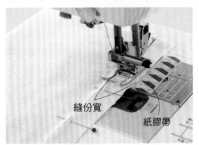

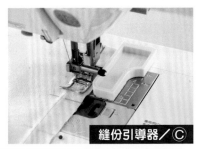

這是使用含縫份紙型裁布，省去作記號手續的快速縫法。在距離車針縫份寬的位置，將布邊對齊作為基準的縫紉機針板刻度或壓布腳邊緣進行車縫。
量出距離車針縫份寬的位置，在針板上黏貼紙膠帶或縫份引導器，就能輕鬆地進行車縫。

線張力調節方法

正式車縫之前請務必進行車縫測試，縫線正面與背面看起來相同，才是正確的線張力。若出現勾扯布料或形成線圈的狀況，就是線張力錯誤。

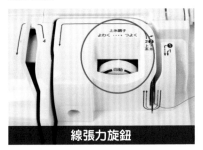

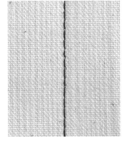

正確的線張力狀態

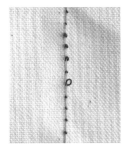

錯誤的線張力狀態

線張力有問題時，首先要確認上線穿法、下線安裝方法是否正確，布料厚度是否與針線契合。若張力還是有問題，就轉動線張力旋鈕進行調整。

布料背面露出上線的情形

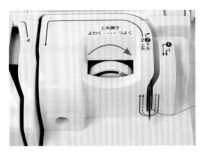

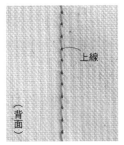

上線：紅線　下線：藍線

這是因下線過緊，拉扯到上線所造成。此時請透過線張力旋鈕，將上線調緊。

布料正面露出下線的情形

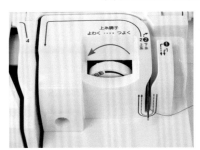

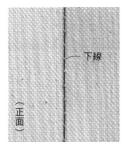

上線：赤糸　下糸：青糸

這是因上線過緊，拉扯到下線所造成。此時請透過線張力旋鈕，將上線調鬆。

回針車縫

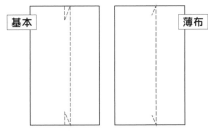

基本上是車縫3針回針3針。雖然車縫得較堅固，但車縫也會產生一定厚度。車縫薄布時，在第3針處降下車針，再回針車縫，就能車出漂亮的縫線。進行暫時車縫或重疊車縫時，若不希望車線產生厚度，也可以不作回針。

筒狀的縫法

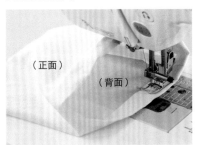

將筒狀布件翻至正面，往內看著背面側以縫紉機進行車縫。

起縫時不回針，終縫時回針重疊車縫。

13

曲線的縫法

外曲線縫法

1

看著此處車縫

車縫曲線時，要看著下針處的縫份寬度車縫。持布時避免拉扯布料，保持慢速車縫，不時地在下針的狀態停止，抬起壓布腳轉動布料，再進行車縫。

✕

若勉強將曲線拉成直線車縫，就無法車得好看。

2

（背面）

曲線漂亮且縫份均勻地車縫完成。

3

留下線頭　0.5

縮縫

（背面）

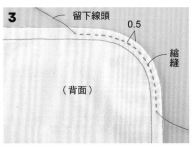

沿曲線縫份邊緣0.5cm處進行縮縫。不打線結，起針與收針皆預留約10cm線頭。

4

（背面）

摺疊

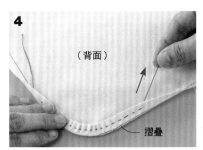

拉縮縫線，收縮縫份，使縫線邊緣形成自然弧度地摺疊。

5

（背面）

縫線
熨斗

沿縫線邊緣熨燙摺疊縫份，形成圓滑的曲線。

6

（正面）

熨斗

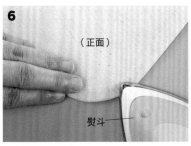

翻至正面，熨燙整理曲線。

7

（正面）

曲線車縫完成。

內曲線縫法

1

牙口
0.2

（背面）

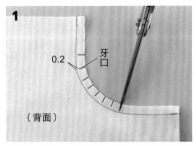

內曲線的縫法與外曲線相同，但需在縫份上以1cm間隔，剪深度＝縫份寬度-0.2cm的牙口。

2

（背面）
摺疊
縫線

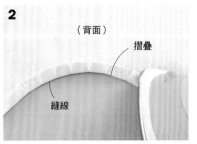

沿縫線邊緣，熨燙摺疊縫份。若有確實展開牙口，就能摺出漂亮的弧度。一旦縫份有拉扯卡住的狀況，就再適量增加牙口。

3

（正面）

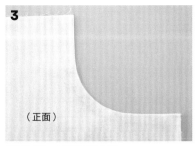

翻至正面，熨燙整理曲線。

邊角的縫法

直角縫法

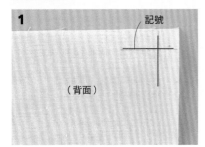

1 在角落作十字完成記號。

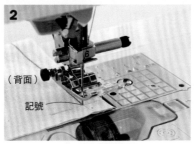

2 車縫至角落，在十字記號的中心下針停止，抬起壓布腳。

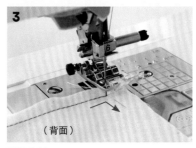

3 轉動布料。

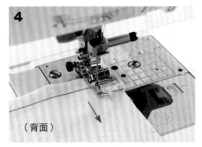

4 降下壓布腳，車縫另一邊。

5 角落車縫完成。

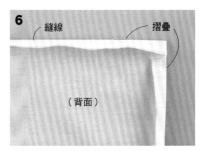

6 沿縫線邊緣熨燙摺疊縫份。若使用一般厚度的布料，車縫直角時無需剪去角落的縫份。

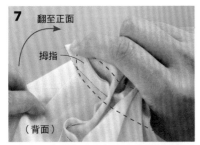

7 拇指伸入內側，以食指和拇指捏住縫份，另一手將布翻至正面。

使用鑷子的作法

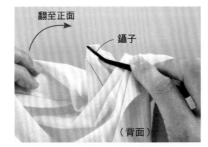

以鑷子從表、裡夾住縫份，另一手將布翻至正面。

8 熨燙整理。

尖角縫法

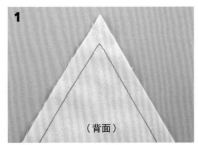

1 角落以「直角縫法」的相同方式車縫。

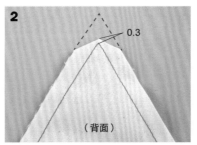

2 尖角處保留0.3cm，修剪縫份。

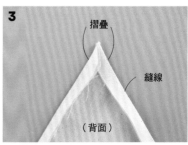

3 沿縫線邊緣摺疊縫份。

接續次頁→

4

翻至正面，以錐子尖端伸入角落下方的縫線中，推出角落。

5

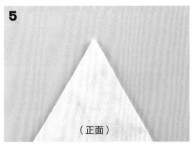

（正面）

推出角落了！若拉扯角落，縫份就會綻線，因此一定要由內側推出。

底部的縫法

圓底縫法

1

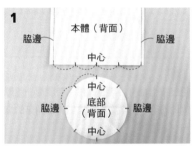

本體（背面）
脇邊　　　脇邊
中心
中心
脇邊　底部（背面）　脇邊
中心

車縫本體脇邊，燙開縫份。在本體與底部，如圖所示畫上合印記號。

2

底部（背面）
本體（背面）

底部與本體正面相疊，對齊中心合印，以強力夾固定。接著對準脇邊的合印，再將之間也對齊固定。

3

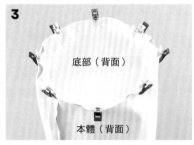

底部（背面）
本體（背面）

以強力夾固定所有合印記號處。

4

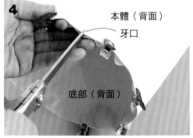

本體（背面）
牙口
底部（背面）

僅在本體的縫份上以間隔1cm，剪深度＝縫份寬度 -0.2cm 的牙口。

5

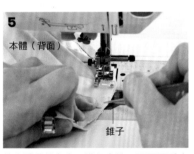

本體（背面）
錐子

使本體疊於上方，進行車縫。不要壓扁本體，一邊展開牙口一邊以錐子壓住固定地送布車縫。

6

本體（背面）

底部車縫完成。

7

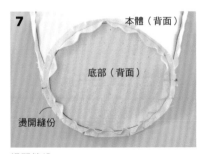

本體（背面）
底部（背面）
燙開縫份

燙開縫份。

8

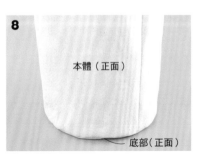

本體（正面）
底部（正面）

翻至正面就完成了！

方底縫法

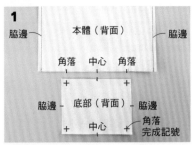

車縫本體脇邊，燙開縫份。在本體中心與角落、底部中心與脇邊畫上合印記號。

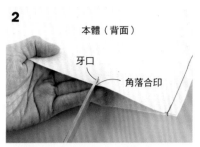

在本體的角落合印處，剪出縫份寬-0.2cm的牙口。

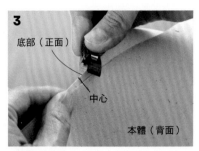

本體與底部正面相疊，對齊中心合印，以強力夾固定。

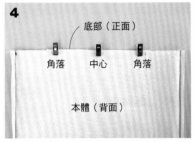

對齊本體角落合印＆底部角落的完成記號。

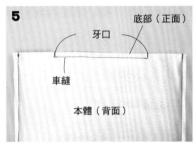

本體朝上，車縫牙口之間。

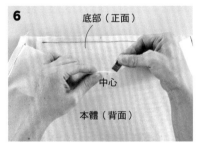

另一側也以相同方式車縫。

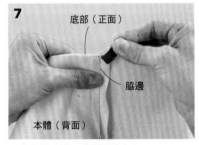

對齊本體脇邊＆底部脇邊合印。

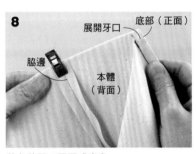

將角落牙口展開成直角。

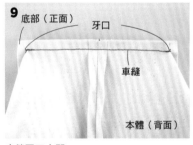

車縫牙口之間。

修剪四個角落的縫份。

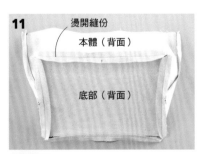

燙開縫份。

翻至正面，推出角落。

細褶縫法

1

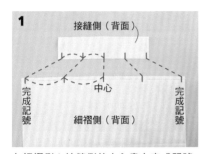

接縫側（背面）

完成記號　中心　完成記號

細褶側（背面）

在細褶側＆接縫側的中心畫上完成記號，記號中間則畫上合印。合印的畫記若不夠明顯，可以縫線縫出顯眼的標記。

2

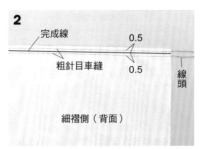

完成線　0.5

粗針目車縫　0.5　線頭

細褶側（背面）

細褶側背面朝上，在完成線上下 0.5cm 處以粗針目（5mm）車縫，不回針地進行車縫，並在起縫與終縫各預留 10cm 左右的線頭。此作法稱為「粗針目車縫」。

3

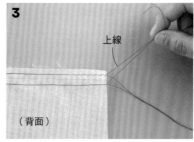

上線

（背面）

抓住 2 條上線（背面側的線）。

4

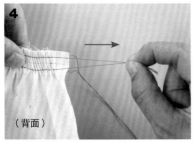

（背面）

同時拉 2 條上線，慢慢地抽細褶。

5

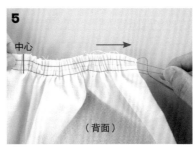

中心

（背面）

抽細褶至中心處。

6

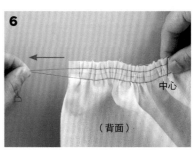

中心

（背面）

另一側也以相同方式拉上線，抽細褶至中心。

7

接合側（背面）

細褶側（背面）

依接縫側的長度，調整細褶份量。

8

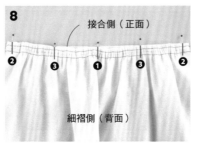

接合側（正面）

❷　❸　❶　❸　❷

細褶側（背面）

細褶側在上，與接縫側正面相疊，依序對齊中心、完成記號、兩者之間的合印，以待針固定。

9

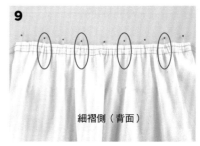

細褶側（背面）

合印之間也要固定。

10

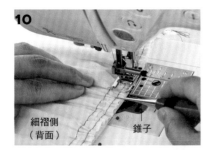

細褶側（背面）　錐子

細褶側在上，以錐子壓住細褶，並將細褶調整平均，以縫紉機車縫。

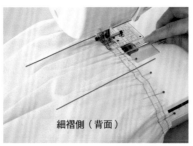

細褶側（背面）

使車縫處的細褶不擴散地筆直車縫，是漂亮縫製的重點。

11

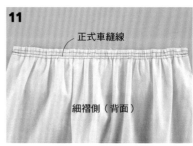

正式車縫線

細褶側（背面）

細褶車縫完成。

18

接續次頁→

12

拆除正式車縫線下方，於正面露出的粗針目車縫線。

13

接縫側（正面）

細褶側（正面）

將接縫側翻至正面，僅燙整縫份處，以避免壓壞細褶部分。

尖褶縫法

尖褶

（背面）

1

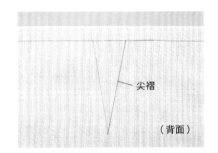

對摺

（背面）　0.2 ←　尖褶前端

將尖褶V字處對摺，對齊記號以待針固定，並以待針固定尖褶前端上方0.2cm處。

2

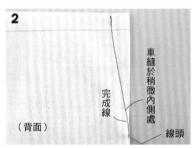

車縫於稍微內側處

完成線

（背面）　　　　　線頭

朝尖褶前端車縫。在尖褶前端約2cm處，以弧線車縫完成線稍微內側處，即可自然地隱藏針目。尖褶前端不回針，預留約10cm線頭。

3

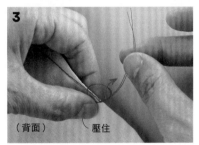

（背面）　壓住

製作線環，壓住尖褶前端，將線頭穿入環中打線結。

4

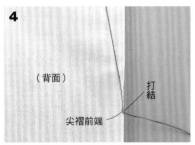

（背面）

打結

尖褶前端

將線結收緊至尖褶前端。

5

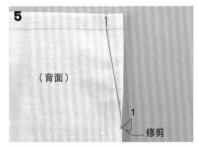

（背面）

1

修剪

保留1cm，剪去多餘的縫線。

6

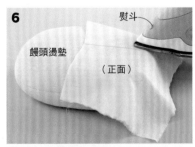

熨斗

饅頭燙墊

（正面）

將縫份倒向單側熨燙。避免壓壞立體形狀，依饅頭燙墊的弧度熨燙，使尖褶前端自然平順。

7

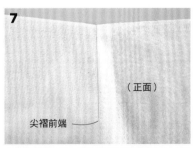

（正面）

尖褶前端

尖褶車縫完成。此為前端自然平順，形狀漂亮的尖褶。

✕

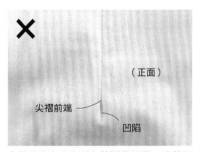

（正面）

尖褶前端

凹陷

車縫時若沒有作到自然隱藏針目、使其平順的重點，尖褶前端將形成凹陷。

滾邊斜布條

將布料以45°斜布紋方向裁剪成條狀。

布條本身具伸展性，曲線處也能貼合，常用於包覆布邊進行滾邊等處理。

市售的滾邊斜布條

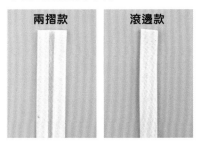

常用的斜布條有兩摺款＆對摺的滾邊款。以兩摺款滾邊時，需要準備滾邊寬度×2的尺寸。

滾邊斜布條的作法

1

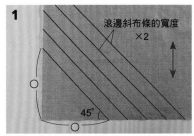

布料橫向直向取相同長度，繪製45°斜線。以希望製作的滾邊斜布條寬度的兩倍，平行畫線。

2

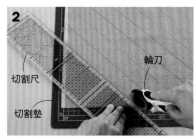

沿線條裁切斜布條。使用輪刀和尺，即可漂亮地裁布。

3

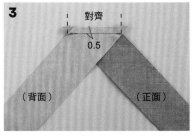

製作較長的滾邊斜布條時，需進行接縫處理。斜布條邊端正面相疊，呈八字形對齊。沿布邊0.5cm處，將兩端對齊車縫。

4

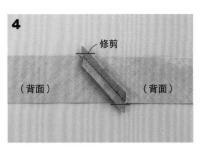

燙開縫份，修剪突出的部分。

✕

若如圖示般對接，會造成斜布條的落差。此為經常發生的錯誤，請特別注意！

5

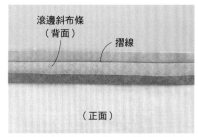

斜布條背面朝上，穿過滾邊器。使兩布邊對接於中心線，熨燙摺線。

6

兩摺滾邊斜布條完成。

滾邊縫法

對齊滾邊斜布條與本體的布邊，沿摺線車縫。再將滾邊斜布條翻至本體布背面，包捲縫份，將本體縫上滾邊斜布條。

●車縫於滾邊斜布條上的作法

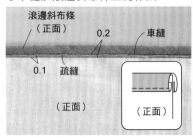

將背面側的滾邊斜布條邊緣對齊縫線，在距離邊緣 0.1cm 處疏縫。並車縫疏縫線上方 0.1cm 處。

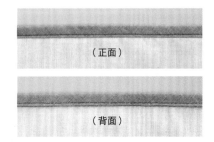

●手工挑縫的作法

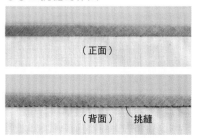

將背面側的滾邊斜布條邊緣對齊縫線，避免正面露出針目，挑縫於背面側。

接續次頁→

●落機縫的作法

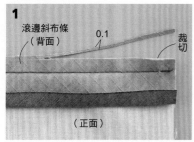

以P.20「滾邊縫法」，在本體車縫滾邊斜布條。將本體與滾邊斜布條縫份修剪0.1cm。

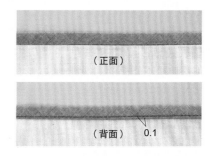

滾邊斜布條翻摺至背面，包捲縫份。沿滾邊斜布條邊緣距縫線0.1cm處進行疏縫，再車縫（落機縫）縫線。

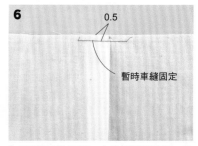

滾邊斜布條末端疊合方法

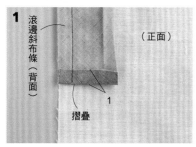

摺疊滾邊斜布條起縫端1cm，不回針進行起縫。

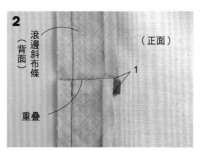

滾邊斜布條終縫處重疊1cm，剪去多餘部分，回針車縫進行收針。

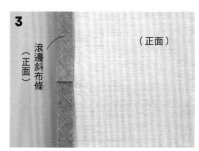

滾邊斜布條翻摺至背面包捲縫份，並將滾邊斜布條車縫於本體。

褶襉摺法

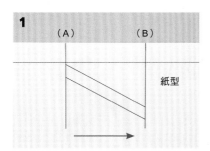

褶襉是從紙型斜線高處（A）往低處（B）摺疊。

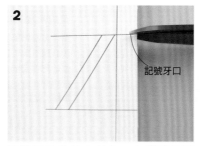

將紙型重疊於布料上，在褶襉位置（A）、（B）剪出記號牙口（深約0.3cm當成記號的牙口）。

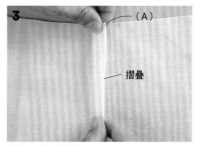

摺疊（A）的位置。

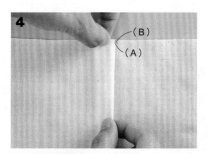

將（A）摺線對齊（B）記號。

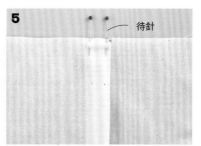

以待針固定，避免記號錯位。

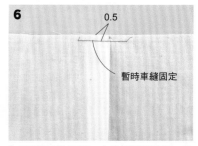

為了不要產生厚度，在此不回針車縫，車一道較長的的暫時固定線。

便利好用的縫紉機壓布腳

壓布腳／皆為 brother（株）商品

壓布腳的替換相當簡單，只要活用縫紉機的壓布腳，就能車縫得更漂亮。
以下將介紹讓車縫作業順利方便的8種壓布腳。

拉鍊壓布腳

用於車縫拉鍊。由於壓布腳沒有凸起，因此不會卡到拉鍊鍊齒，能順暢車縫。可藉由變換車針位置，車縫壓布腳的左側或右側。亦可作為單邊壓布腳使用。

車縫壓布腳右側

車縫壓布腳左側

單邊壓布腳

由於能夠以螺絲變換壓布腳位置，因此可壓布於針的右側或左側。可車縫於壓布腳邊緣，製作出芽滾邊時非常方便。亦可當成拉鍊壓布腳使用。

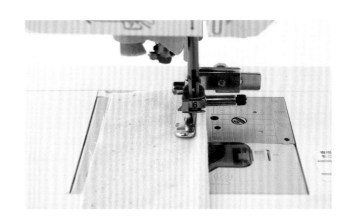

高低壓布腳

用於車縫距布端數mm處的「壓邊線」。由於壓布腳左右有高低差，因此將布端靠在高低差車縫，車針就會落在布料上，能車縫出不歪曲，寬度一致的壓邊線。

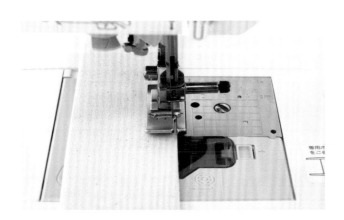

定規尺壓布腳

用於車縫裝飾線或雙重壓線。由於壓布腳有以2mm間距為單位的刻度記號，因此將刻度記號對齊布邊或第一條壓線進行車縫，就能作出等距車線。

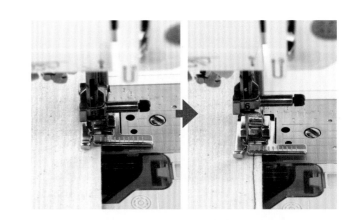

均勻送布壓布腳

常用於縫合不同的材質、車縫皮草等容易車歪的面料，以及車縫不易送布的合成皮或PVC等。由於壓布腳和送布齒可從上下強力地抓住布料送布，因此能車縫出漂亮的作品。

鐵弗龍壓布腳

以滑順度極佳的鐵弗龍材質製成。常用於PVC、防水布、合成皮這類車縫時容易黏著於壓布腳，難以車縫的素材。

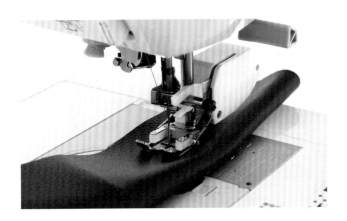

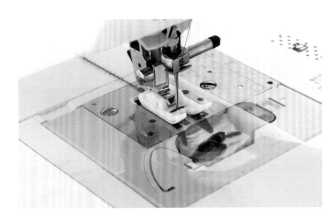

三捲邊壓布腳

縫製荷葉邊或手帕這類，於布邊進行3mm窄幅三摺邊的車縫作業時，非常方便。將布料捲入壓布腳螺旋狀處中，即可自動將布料摺疊成3mm寬的三捲邊（窄幅三摺邊），並同時進行車縫。

導縫桿

能夠車縫出原創壓棉布的壓布腳。將長桿插入壓布腳腳徑孔中使用（僅限於腳徑有導縫桿插孔的機型可用）。使導縫桿正對隔壁縫線，即可等間距車縫。

手縫方法

起針結
起針時避免縫線脫落所打的結目。

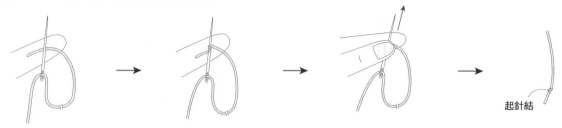

① 以針將線頭壓在左手食指指腹。　② 縫線繞針2圈,用力拉緊。　③ 左手拇指與食指捏住纏繞的線, 以右手拔針。

起針結

收針結
縫製作業完成時,打結避免縫線鬆脫。

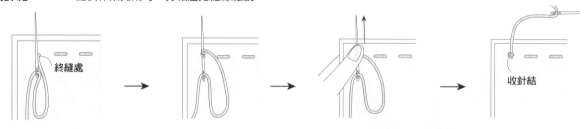

終縫處

① 將針壓在終縫處上。　② 線繞針2至3圈,用力拉緊。　③ 左手拇指和食指捏住纏繞處 以避免位移,以右手拔針。　④ 使收針結貼合終縫處。

收針結

平針縫
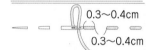

0.3～0.4cm
0.3～0.4cm

手縫的基礎縫法。縫針於正反兩面 以相同針距交互出針的縫法。

縮縫

0.2cm
0.2cm

以細針目進行的平針縫,常用於抽 細摺等表現。

回針縫
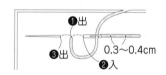

❶出
❸出
0.3～0.4cm
❷入

為了加強縫線強度,往回縫1針的作法。

暗針縫
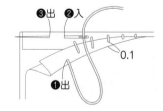

❸出 ❷入
0.1
❶出

避免針目外露,交互挑縫縫份摺線 處的方法。

立針縫
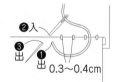

❷入
❸出
❶出 0.3～0.4cm

垂直渡線的挑縫方法,常用於縫合 貼布繡等。

藏針縫
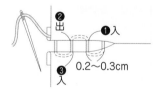

❷出 ❶入
❸入 0.2～0.3cm

在布料之間以ㄈ字渡線,是常用於閉合 返口時,隱藏針目的縫法。

千鳥縫

❸出 ❷入
❶出 ❺出 ❹入

縫線呈斜向交叉,如回針縫般的縫 法。常用於止縫拉鍊布帶或縫份時。

星止縫

❶出 ❷入
0.2

裡本體
縫份
表本體
<剖面圖>

固定縫份的細目回針縫。為了不在表面露出縫線, 僅挑縫於縫份或接著襯。

捲針縫

為了確實接縫兩片布料,以螺旋狀繞圈 縫合周邊的縫法。

縫製基礎

待針的固定方法

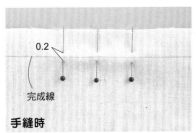

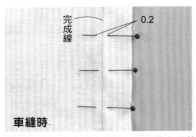

手縫時

車縫時

待針跨過完成線，挑布約0.2cm。為了車縫時方便右手拔針，統一由右朝左刺入。但若挑布面積過大或斜向刺入，就無法牢牢地固定布料，易造成車縫錯位。

壓倒縫份的方法

燙開縫份

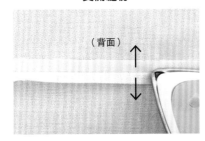

燙開縫份，可使接縫處平順不顯眼。以熨斗前端，從縫線處確實燙開縫份。

縫份倒向單側（壓倒縫份）

使兩片縫份一起倒向相同側，將使接縫處具有高低差，倒下側顯得較高。可維持針目的牢靠強度。

縫份的摺疊方法

使用熨燙尺

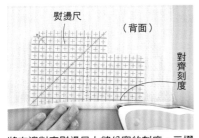

將布邊對齊熨燙尺上縫份寬的刻度。三摺邊時則再次將摺邊對齊刻度，以相同方式摺疊。以硬紙自製熨燙尺時，使用方法也相同。

畫線

1

①取縫份寬×2（縫份1cm時取2cm）畫線。

2

②布邊對齊①的畫線，以熨斗燙摺。進行三摺邊時，就自摺邊起，同樣取縫份寬×2畫線並燙摺。

無法熨燙的布料＆厚布摺疊方法

1

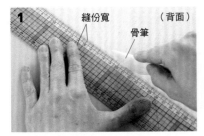

沿摺線處以骨筆畫線。

2

摺疊骨筆畫的線，並以骨筆確實加壓摺線。

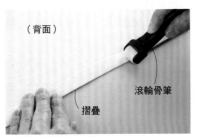

以滾輪骨筆壓摺線也很方便。

拉 鍊

部位名稱

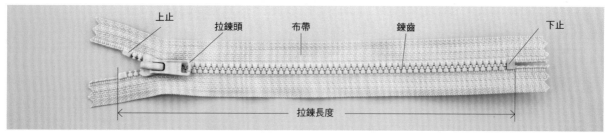

上止　拉鍊頭　布帶　鍊齒　下止

拉鍊長度

「拉鍊長度」　拉鍊長度是上止到下止的距離（雙開拉鍊則是下止到下止之間的距離）。但拉鍊長度並不等於接縫位置的長度，此點請多加注意。通常會準備比接縫位置長度短1cm至2cm的拉鍊。

拉鍊種類

FLATKNIT®拉鍊

是在針織布帶上織入鍊齒的拉鍊。輕薄柔軟，較容易車縫。由於鍊齒也可車縫，因此很方便調整長度。但不適合製作過程中需要施力於拉鍊的設計。

VISLON®（樹脂）拉鍊

鍊齒為樹脂材質且尺寸較大，也有與布帶呈跳色搭配的款式，可作為設計上的亮點。輕盈耐用，但鍊齒不可車縫，若想變更長度需進行特殊處理。

金屬拉鍊

鍊齒為金屬製的拉鍊，成品效果較為堅固且具厚重感。鍊齒有銀色、金色與古典金等選擇。由於鍊齒不可車縫，若想變更長度需進行特殊處理。

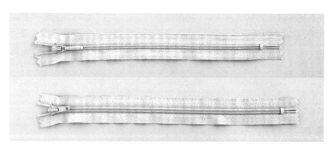

尼龍拉鍊

鍊齒為樹脂線圈製成，具柔軟性，適合曲線設計。鍊齒有不同寬度的規格可選擇，數字越大越粗。

隱形拉鍊

從外側看不見鍊齒，表面效果將如接縫般平順。主要使用在洋裝、裙子開口等衣物裁縫。車縫時需要替換專用的縫紉機壓布腳。

拉鍊形式

單向拉鍊

下止不會分離，僅能打開單邊的拉鍊，一般使用與提及，多半是指這種拉鍊。

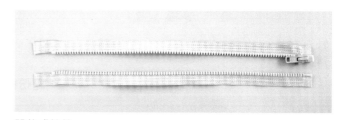

開放式拉鍊

可從下止處拆開，左右分離的拉鍊。

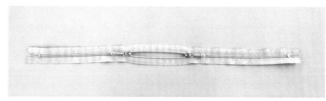

雙開拉鍊

有兩個拉鍊頭，可往兩側開啟的拉鍊，用於波士頓包等大型包的袋口相當便利。

創意組合拉鍊（Free Style 拉鍊）

帶狀拉鍊，可依喜好裁剪長度、插入拉鍊頭組合，依創意變化各種用法。

拉鍊長度的修改方法

長度測量方法

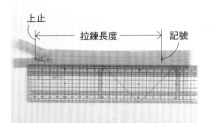

上止 — 拉鍊長度 — 記號

可使用剪刀剪斷鍊齒的拉鍊（FLATKNIT®拉鍊・尼龍拉鍊）……
從上止起量測所需尺寸，在下止處裁剪長度。

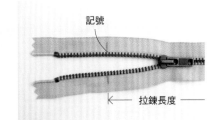

記號
拉鍊長度

無法使用剪刀剪斷鍊齒的拉鍊（金屬拉鍊・VISLON®拉鍊）……從下止起測量測所需尺寸，在上止處變更長度。

● FLATKNIT® 拉鍊

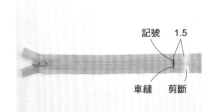

記號　1.5
車縫　剪斷

從上止起量測所需尺寸，在記號位置車縫2至3次作為下止，再從距離車縫位置1.5cm處剪斷布帶。

● 尼龍拉鍊

使用零件
下止

1

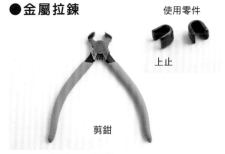

下止
拉鍊（正面）　記號

從上止起量測所需尺寸，並作記號。從記號位置的正面側，刺入下止尖爪。

2

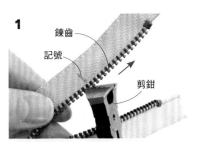

下止尖爪
鉗子
拉鍊（背面）

尖爪在背面側穿出，以鉗子折往鍊齒側。

3

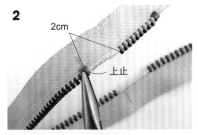

下止　剪斷
1.5

在距離下止邊端1.5cm處，剪斷布帶。

● 金屬拉鍊

使用零件
上止

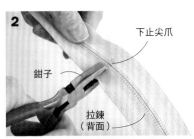

剪鉗

用於拔除鍊齒的工具鉗。

1

鍊齒
記號
剪鉗

從下止起量測所需長度，在上止側作記號。以剪鉗夾住記號位置的鍊齒，注意避免剪到布帶，往斜上方拉起。

2

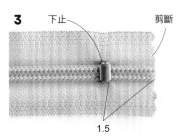

2cm
上止

拔除鍊齒至超過記號2cm處，再將上止夾在記號位置，以鉗子壓緊。

3

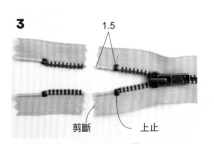

1.5
剪斷　上止

在距離上止1.5cm處剪斷布帶。

● VISLON®（樹脂）拉鍊

1

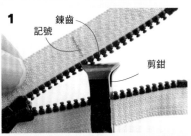

鍊齒
記號
剪鉗

從下止起量測所需長度，在上止側作記號。以剪鉗剪開記號位置的鍊齒，注意避免剪到布帶，再以手取下殘餘的鍊齒。

2

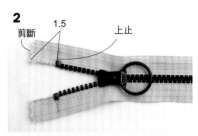

1.5
剪斷　上止

以金屬拉鍊的相同方式拔下鍊齒，並在記號位置安裝上止，再從距離上止邊端1.5cm處剪斷布帶。

拉鍊的車縫方法

縫份寬

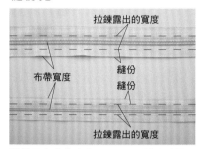

拉鍊露出的寬度在1至1.5cm較為理想。布帶寬也依拉鍊種類而不同,本次是將單側寬1.3cm的布帶,以0.5cm、0.7cm縫份縫合。

使用壓布腳

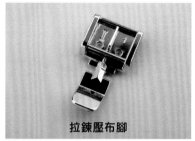

拉鍊壓布腳

使用不會卡到鍊齒,且車針可往壓布腳左右移動的拉鍊壓布腳(亦可使用單邊壓布腳,參見P.22-P.23)。

1. 基本的拉鍊車縫方法
(縫份:拉鍊0.5cm‧本體1cm)

1

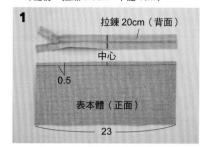

包含兩脇1cm縫份在內,本體需比拉鍊長3至3.5cm。在拉鍊及本體中心作記號後,沿表本體布邊0.5cm處畫線。

2

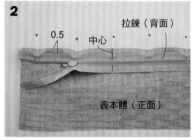

拉鍊與本體正面相疊,對齊拉鍊與本體中心,布帶邊緣對齊距本體布邊0.5cm的畫記線。

3

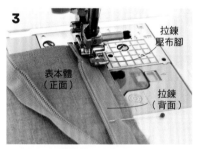

以車針位於壓布腳左側的方式安裝拉鍊壓布腳,沿布邊0.8cm處暫時車縫固定。

4

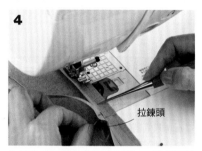

為避免拉鍊頭碰撞到壓布腳,一邊往下拉開拉鍊一邊車縫。

5

車縫至中心,在車針下降的狀態停止車縫,將拉鍊頭往上拉,再繼續車縫至最後。

6

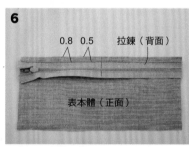

完成暫時車縫固定。

7

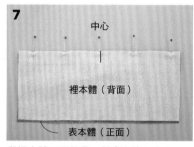

與裡本體正面相疊,對齊布邊&中心,以待針固定。

8

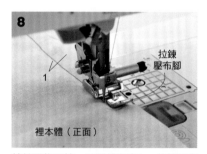

拉鍊頭往下拉,以距離布邊1cm的縫份寬度車縫。

9

縫至拉鍊頭旁時,在車針下降的狀態停止車縫,翻起裡本體,並將拉鍊頭往上拉。

10

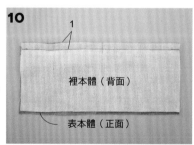

完成車縫。

接續次頁→

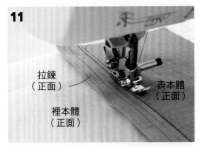

11

縫份倒向表本體側，避開裡本體，車縫距離縫線0.2cm處。

12

完成車縫壓線。

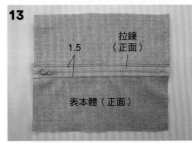

13

另一側也以相同方式車縫。

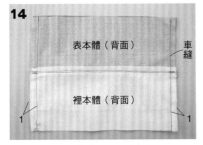

14

表本體、裡本體各自正面相疊。為了避免表本體和裡本體的接合位置沒有對齊，以待針固定再車縫兩脇。

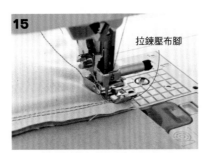

15

車縫脇邊時，壓布腳也會碰撞到拉鍊，因此使用拉鍊壓布腳車縫。

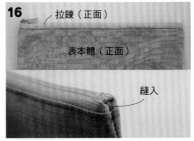

16

翻至正面就完成了！此作法是將布帶夾入縫份間的作法。

2. 摺疊拉鍊末端的車縫方法

（縫份：拉鍊 0.5cm．本體 1 cm）

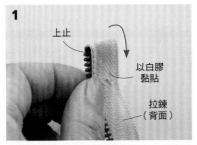

1

將拉鍊布帶從上止處摺往背面，以白膠黏貼。

2

往上翻摺成三角型，以白膠黏貼固定。

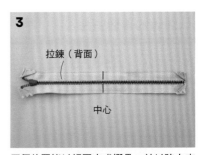

3

四個位置皆以相同方式摺疊，並以強力夾暫時固定直到白膠乾燥黏牢為止。在中心作記號。

4

以 P.28 1.-**1**．**2** 相同方式，將拉鍊與本體正面相疊，對齊拉鍊與本體中心。布帶邊緣也對齊距本體布邊 0.5cm 的畫記線。

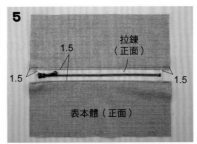

5

以 P.28 1.-**3** 至 **10** 相同方式縫合拉鍊。此作法，兩脇會出現 1.5cm 無接合拉鍊的空缺。

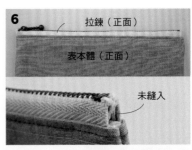

6

以 P.29 1.-**11** 至 **15** 相同方式車縫後，翻至正面。成品呈現未縫入布帶的清爽效果。

3. 露出拉鍊尾端的車縫方法

（縫份：拉鍊 0.5cm・本體 1cm）

1
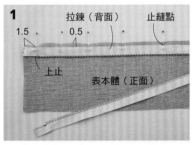

沿表本體布邊0.5cm處畫線。並將上止對齊本體脇側1.5cm的位置，布帶邊緣對齊距布邊0.5cm的畫記線，以待針固定至止縫點。

2
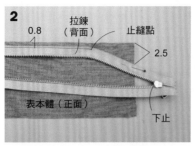

沿距離布邊0.8cm處，暫時車縫固定至止縫點為止。並將下止側的拉鍊布帶以待針固定在距布邊下方2.5cm處。

3
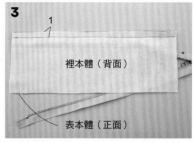

重疊裡本體，以1cm的縫份車縫至布端。

4
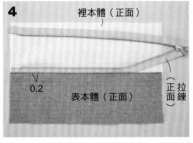

縫份倒向表本體側，避開裡本體，沿接縫處0.2cm的位置車縫壓線。

5
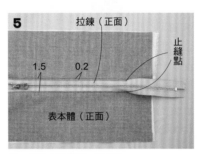

另一側也以相同方式車縫。

6
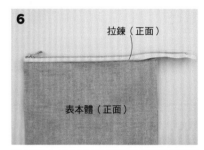

以 P.29 1.-**14** 至 **15** 相同方式車縫本體兩脇，翻至正面。

4. 曲線的車縫方法

（縫份：拉鍊 0.7cm・本體 0.7cm）

1
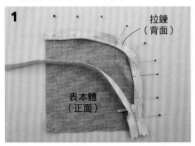

對齊表本體與拉鍊邊緣，以待針固定。

2
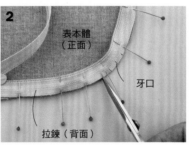

在曲線處的拉鍊布帶上剪0.5cm牙口。

3

沿布邊0.5cm暫時車縫固定。

4
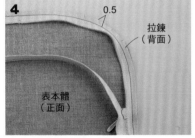

暫時車縫固定完成。

5
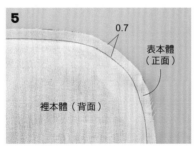

與裡本體正面相疊，以0.7cm縫份車縫。

6
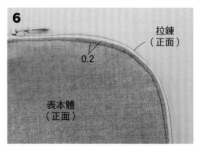

翻至正面，沿距離接縫處0.2cm的位置車縫壓線。

口金安裝方法

口金種類

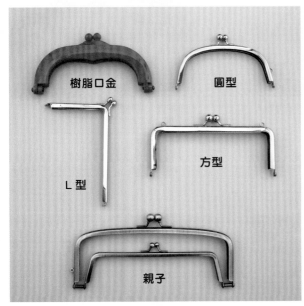

樹脂口金　圓型　L型　方型　親子

※ 以上的口金，安裝方式皆與圓型口金的作法（基本）相同。

基本工具

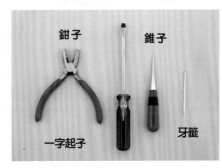

鉗子　錐子　一字起子　牙籤

便利工具

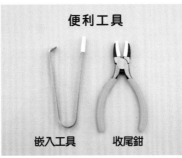

嵌入工具　收尾鉗

紙繩

白膠

紙繩：口金的附件。若沒有附上，需另外準備。

白膠：請選擇具速乾性，可黏合布料和金屬的款式。使用木工用、手藝用白膠可能會發生黏合困難的狀況。

口金專用嵌入工具：嵌入紙繩時，可輕易地推入口金溝槽中。

口金專用收尾鉗：鉗子尖端有樹脂軟墊，不會夾傷口金。

安裝口金時的重點

● 確實對齊口金與本體中心、口金鉚釘與本體止縫點，成品就會很漂亮。

鉚釘　鉚釘　止縫點　本體　止縫點

口金鉚釘之間與本體止縫點之間等長，或本體略短。

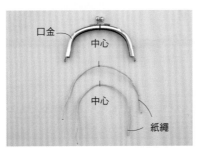

口金　中心　中心　紙繩

在口金內側中心貼一段剪成細條狀的紙膠帶。再剪兩條與口金鉚釘之間等長的紙繩，並在中心作記號。

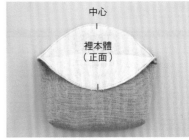

中心　裡本體（正面）

在裡本體中心作記號。

圓型口金的安裝方法（基本）

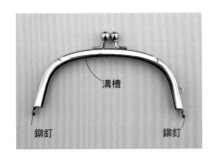

溝槽　鉚釘　鉚釘

1

溝槽　牙籤

以牙籤在口金溝槽內塗入白膠。由於使用速乾白膠，因此一次只塗抹一邊，並立刻接合本體。

2

中心　裡本體（正面）

對齊口金內側中心與裡本體中心，將本體插入溝槽中。

接續次頁→

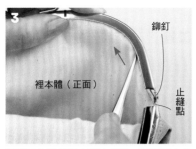

對齊口金鉚釘與本體止縫點，將距離中心點之間的本體布推整均勻。另一側也以相同作法處理。

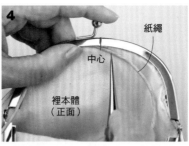

對齊口金與紙繩中心，以錐子將紙繩嵌入溝槽中。

將紙繩嵌入至鉚釘之前。

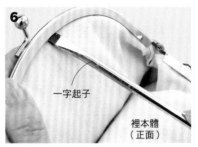

以一字起子將紙繩嵌得更深，但紙繩不可推入比本體更裡側。

便利工具

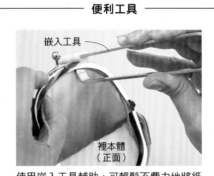

使用嵌入工具輔助，可輕鬆不費力地將紙繩嵌入到溝槽內。

另一側也以相同作法嵌入紙繩。

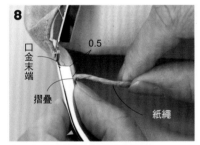

在口金末端上方0.5cm摺疊紙繩。

從摺線處剪斷紙繩。

將紙繩末端嵌入溝槽中。

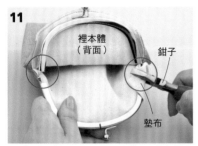

以鉗子夾合兩側的口金末端。為避免傷害口金，可夾一片墊布。※塑膠口金無需閉合處理。

便利工具

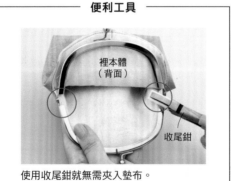

使用收尾鉗就無需夾入墊布。

另一側本體也以相同作法安裝口金，完成！

盒型口金的安裝方法

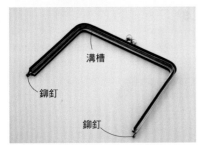

盒型口金：其中一側的口金溝槽朝下，盒型包專用的的特殊口金。

1

在盒蓋側口金（溝槽朝內的一側）的溝槽內以牙籤塗入白膠。

2

將本體盒蓋嵌入口金溝槽內，以滑動的方式推入。

3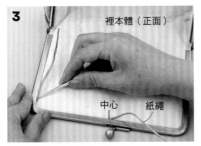

對齊紙繩與口金中心，以錐子將紙繩嵌入溝槽內。

4

以一字起子或嵌入工具將紙繩嵌入溝槽深處。

5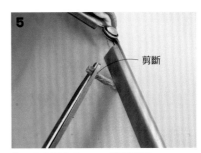

在口金末端上方0.5cm剪斷紙繩。

6

以鉗子夾合兩側的口金末端。

7

在盒側口金（溝槽朝下的一側）凹槽內以牙籤塗入白膠。

8

對齊本體與口金中心，嵌入溝槽內也對齊止縫點與鉚釘。

9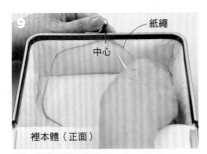

從裡本體側嵌入紙繩。

若盒體過小導致紙繩難以從內側嵌入，也可改由表本體側（外側）嵌入紙繩。

10

以鉗子夾合兩側的口金末端，完成！

手縫口金的安裝方法

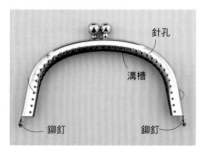

手縫口金：有縫合孔的口金。無需白膠、紙繩，也不需以鉗子閉合口金末端。

1 對齊本體與口金中心，將本體嵌入溝槽中。在中心的針孔刺入穿有2股疏縫線的縫針。

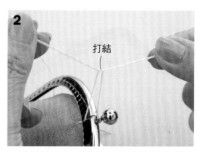

2 將疏縫線在口金上打結，暫時固定住口金。

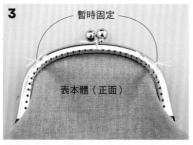

3 對齊鉚釘與止縫點，口金兩側弧角處也以相同方式打線結，暫時固定。

4 將手縫線穿入刺繡針中，從裡本體側刺入，並在最末端的針孔中出針。

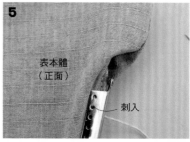

5 從表本體側的隔壁針孔入針，往裡本體出針。

6 從裡本體側刺入針，再次從隔壁針孔出針。

7 重複步驟 **5** 至 **6**，進行至暫時固定的針孔時，就剪斷疏縫線，再繼續縫合至另一側末端的針孔。

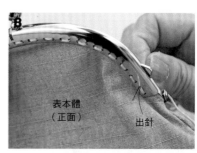

8 將刺繡線從未渡線的針孔出針，以步驟 **5** 至 **6** 的相同方式穿縫，回到起縫處。

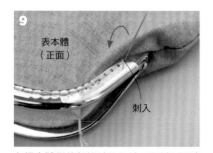

9 在裡本體側的起縫針孔入針，再刺入隔壁針孔進行回針縫。

10 在背面側打收針結並剪斷縫線。

11 另一側的口金與本體也以相同方式手縫固定，完成。

鉚釘安裝方法

鉚釘／清原（株）

鉚釘是以補強或裝飾為目的安裝的圓形五金。
有僅單邊為面的單面鉚釘，與雙邊皆可為面的雙面鉚釘。

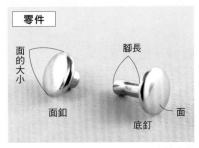

零件

面的大小／面的大小
腳長
面釦
底釘
面

面的大小可依喜好，腳長則需以安裝位置的厚度＋3mm去選擇。

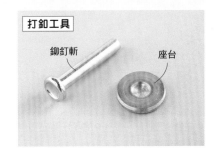

打釘工具

鉚釘斬
座台

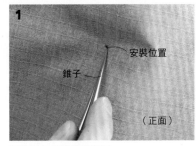

1

安裝位置
錐子
（正面）

以錐子在安裝位置戳洞。

使用圓沖的作法

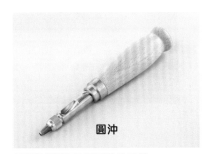

圓沖

旋轉前端即可輕鬆穿孔的工具。

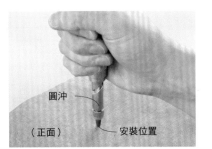

圓沖
（正面） 安裝位置

下方墊膠版，在安裝位置以圓沖穿孔。

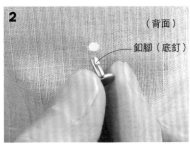

2

（背面）
釦腳（底釘）

從背面側將底釘釦腳插入安裝位置的孔洞中。

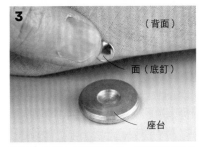

3

（背面）
面（底釘）
座台

將座台放置在堅硬平坦處，底釘的面置於座台上。

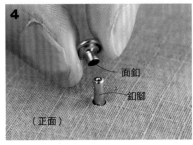

4

面釦
釦腳
（正面）

面釦套在釦腳上。

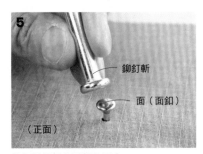

5

鉚釘斬
面（面釦）
（正面）

鉚釘斬放置在面釦的面上。

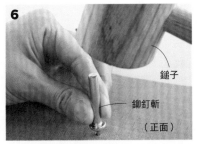

6

鎚子
鉚釘斬
（正面）

垂直拿著鉚釘斬避免移動，以鎚子敲打至釦腳開花，鉚釘不會移動為止。

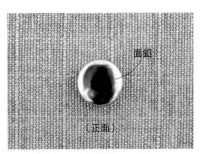

面釦
（正面）
完成

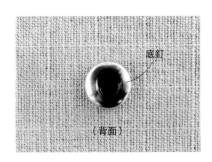

底釘
（背面）

牛仔釦安裝方法

牛仔釦／清原（株）

可牢牢固定的壓釦式五金配件。常用於固定布料較厚的帆布包等開口處。

正面（凹）側（面釦・母釦側）

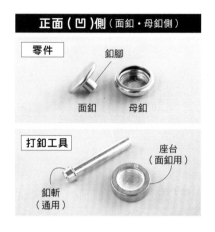

零件
面釦　釦腳　母釦

打釦工具
釦斬（通用）　座台（面釦用）

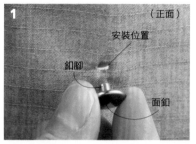

1　（正面）

安裝位置　釦腳　面釦

在安裝位置打洞（參見 P.35-1），從正面側插入面釦釦腳。

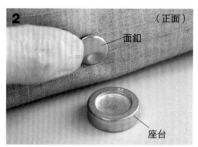

2　（正面）

面釦　座台

將座台放置於堅硬平坦處。面釦釦腳側朝上放在座台上。

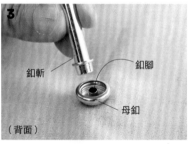

3

釦斬　釦腳　母釦　（背面）

母釦凹側朝上，套入釦腳。將釦斬的前端對準釦腳。

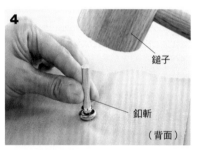

4

鎚子　釦斬　（背面）

垂直拿著釦斬並避免移動，以鎚子敲打至面釦的釦腳漂亮地捲起，面釦、母釦不會轉動為止。

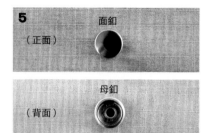

5

面釦（正面）

母釦（背面）

完成

背面（凸）側（底釦・公釦側）

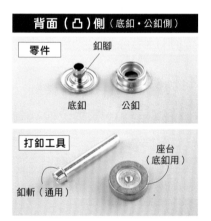

零件
釦腳　底釦　公釦

打釦工具
釦斬（通用）　座台（底釦用）

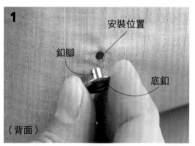

1

安裝位置　釦腳　底釦　（背面）

在安裝位置打洞（參見 P.35-1），從背面側插入底釦釦腳。

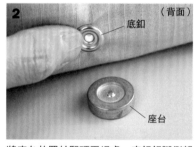

2　（背面）

底釦　座台

將座台放置於堅硬平坦處，底釦釦腳側朝上，放在座台上。

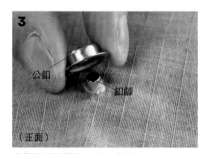

3

公釦　釦腳　（正面）

公釦平坦側朝上，套入釦腳。

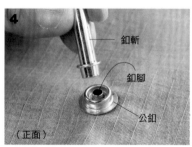

4

釦斬　釦腳　公釦　（正面）

釦斬的前端對準釦腳，依面釦・母釦側相同的方式以鎚子敲打。

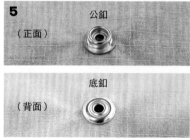

5

公釦（正面）

底釦（背面）

完成

四合釦（彈簧壓釦）安裝方法

四合釦／清原（株）

安裝效果輕巧的壓釦式五金配件，常用於包包開口或口袋開口等位置。

正面（凹）側（面釦・母釦側）

零件

釦腳
面釦　　母釦

打釦工具

釦斬
（凸・母釦用）
座台
（面釦用）

1
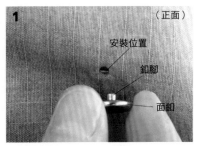
（正面）
安裝位置
釦腳
面釦

在安裝位置打洞（參見 P.35-**1**），從正面側插入面釦釦腳。

2
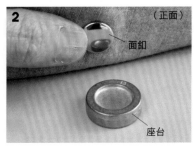
（正面）
面釦
座台

將座台放置於堅硬平坦處，面釦釦腳側朝上，放在座台上。

3
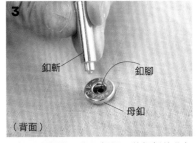
釦斬　　釦腳
母釦
（背面）

母釦凹側朝上，套入釦腳。將釦斬的凸起插入面釦釦腳中。

4
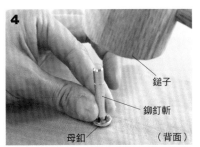
鎚子
鉚釘斬
母釦　（背面）

垂直拿著釦斬並避免移動，以鎚子敲打至面釦釦腳漂亮地捲起，面釦・母釦不會轉動為止。

5
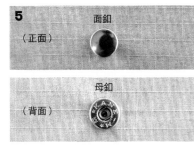
面釦
（正面）
母釦
（背面）

完成

背面（凸）側（底釦・公釦側）

零件
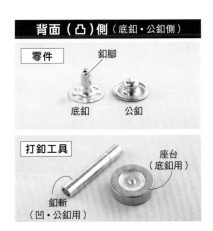
釦腳
底釦　　公釦

打釦工具
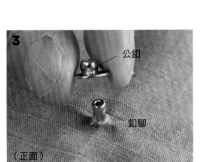
釦斬
（凹・公釦用）
座台
（底釦用）

1
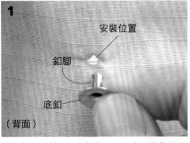
安裝位置
釦腳
底釦
（背面）

在安裝位置打洞（參見 P.35-**1**），從背面側插入底釦釦腳。

2
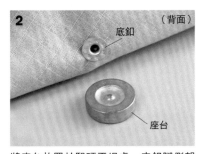
（背面）
底釦
座台

將座台放置於堅硬平坦處，底釦釦腳側朝上，放在座台上。

3
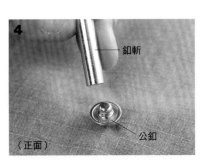
公釦
釦腳
（正面）

公釦凸起側朝上，套入底釦釦腳。

4
釦斬
公釦
（正面）

釦斬的凹陷端套合公釦的凸起處，以鎚子敲打至底釦・公釦不會轉動為止。

5
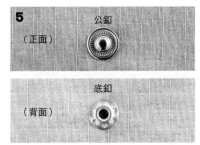
公釦
（正面）
底釦
（背面）

完成

37

雞眼釦安裝方法

雞眼釦／清原（株）

補強開孔四周的五金配件。常用於需穿入束口繩，以及在包包安裝提繩等設計時。

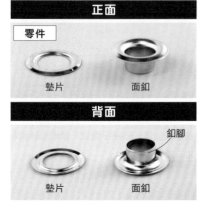

正面
零件
墊片　面釦

背面
釦腳
墊片　面釦

墊片有弧度且觸感光滑的一側為正面。

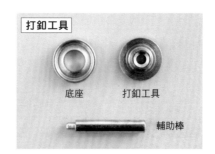

打釦工具
底座　打釦工具
輔助棒

開孔方法

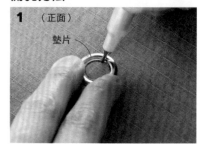

1 （正面）
墊片

將墊片中心對準安裝雞眼釦的位置，以消失筆描繪圓內圈。

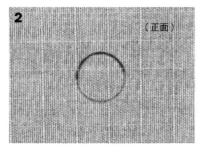

2 （正面）

開孔位置記號完成。

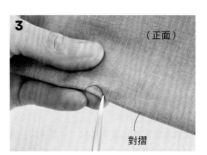

3 （正面）
對摺

對摺記號，以剪刀前端剪出切口。

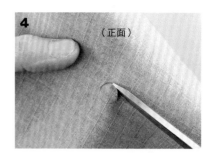

4 （正面）

從切口插入剪刀的刀刃，剪下圓形。

使用圓斬的作法

圓斬

打孔用的工具。依雞眼釦內徑尺寸準備適合的圓斬。

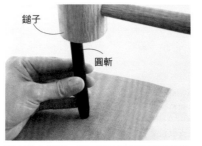

鎚子
圓斬

下方墊上膠板，將圓斬對準雞眼釦安裝位置，以鎚子敲打開洞。

雞眼釦安裝方法

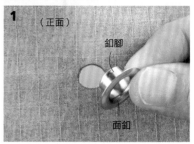

1 （正面）
釦腳
面釦

從正面側在打好的孔洞插入面釦釦腳。

2 （正面）
雞眼釦
座台

將座台放置在堅硬平坦處，面釦的外環疊放在座台上。

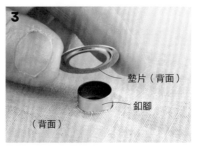

3
墊片（背面）
釦腳
（背面）

墊片正面朝上套入面釦釦腳。

4
打釦工具
墊片（正面）
釦腳
（背面）

將打釦工具凸起處套入面釦孔洞中。

接續次頁→

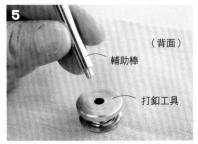

5
（背面）
輔助棒
打釦工具

將輔助棒插入打釦工具的孔洞之中。

6
鎚子
輔助棒
（背面）

以鎚子敲打輔助棒，直到釦腳漂亮地捲起，雞眼釦不會轉動為止。

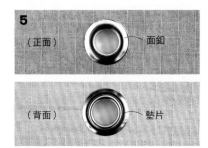

5
（正面）
面釦

（背面）
墊片

完成

磁釦安裝方法

磁釦／清原（株）

以磁石製作的壓釦。常用於想要輕鬆開闔的包包或波奇包開口處。

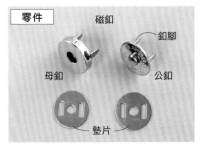

零件
磁釦
釦腳
母釦
公釦
墊片

※ 無打釦工具

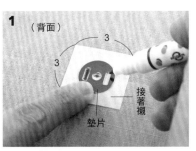

1（背面）
3
3
墊片
接著襯

在磁釦安裝處的背面側燙貼3cm×3cm接著襯進行補強。對齊墊片中心與安裝位置，畫上直線記號。

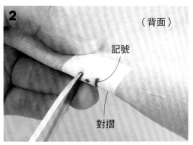

2（背面）
記號
對摺

對摺記號，在記號剪切口。

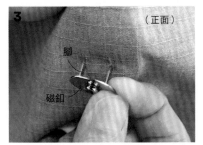

3（正面）
腳
磁釦

從正面側，將磁釦釦腳插入兩道切口中。

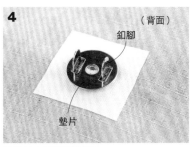

4（背面）
釦腳
墊片

將墊片穿過磁釦釦腳。

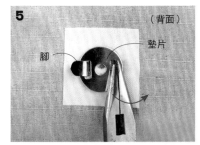

5（背面）
腳
墊片

以鉗子夾住釦腳，從根部往左右壓倒。母釦也以相同方式安裝。

以手指凹摺的作法

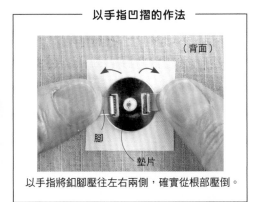

（背面）
腳
墊片

以手指將釦腳壓往左右兩側，確實從根部壓倒。

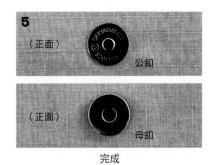

5
（正面）
公釦

（正面）
母釦

完成

（背面）
釦腳
墊片

接環的主要種類

接環可穿入織帶，製作成背帶或提把。接環的尺寸需依欲穿過的織帶寬度來決定。

□型環

方形接環，使用於織帶接點。

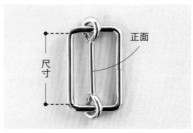

日型環

可用來調整織帶長度。有正反面之分，以中央零件有接縫側為背面。

D型環

D型接環，常搭配問號鉤使用。

問號鉤

茄子形的接環。環狀處有彈簧開闔片，方便自由勾接或取下。

肩背帶的作法

1.使用問號鉤的可拆裝式作法

（日型環1個 問號鉤2個 D型環2個）

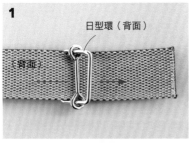

1

日型環背面朝上，穿入織帶。

2

織帶包夾日型環中央零件，穿往另一側。

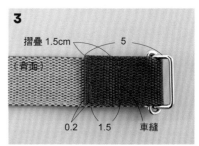

3

摺疊末端，車縫固定。

4

將織帶另一側的末端穿過問號鉤。

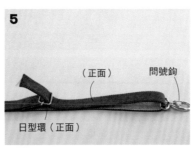

5

將步驟4穿入問號鉤的織帶末端，繼續穿過步驟3的日型環。

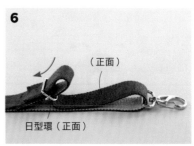

6

織帶包夾日型環中央零件，再穿往另一側。

接續次頁→

7

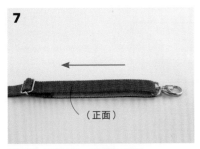

從織帶末端拉收、整理至平順。

8

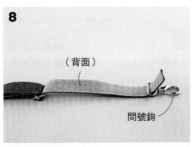

織帶翻到背面，在末端穿入另一個問號鉤。

9

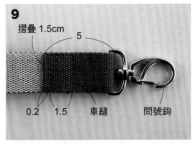

摺疊末端，車縫固定。

10

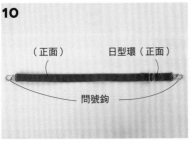

兩端皆裝有問號鉤的背帶完成！

11

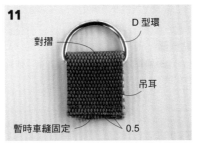

將裁剪成6cm的織帶穿過D型環，對摺並暫時車縫固定，製作吊耳。共製作2組。

12

吊耳末端需與包包本體接縫固定，再以背帶的問號鉤勾接D型環。

2. 使用口型環，直接縫固於本體的作法（日型環1個 口型環1個）

1

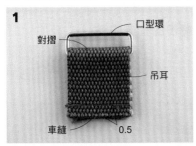

將裁剪成6cm的織帶穿過口型環，對摺並暫時車縫固定，製作吊耳。

2

以 P.40 1.-**1** 至 **3** 相同方式穿過日型環，另一側織帶末端則穿過吊耳的口型環。

3

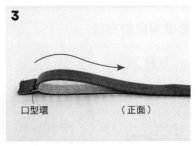

從織帶末端拉收、整理至平順。

4

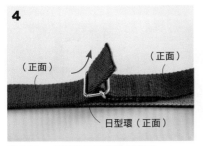

將步驟 **3** 的織帶末端穿過日型環。

5

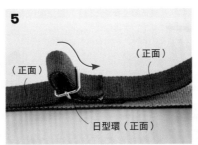

織帶包夾日型環中央零件，末端繼續穿往另一側。

6

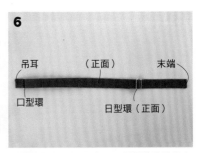

拉緊織帶末端，再將吊耳與織帶末端自各與本體接縫固定。

難以車縫的特殊材質處理作法 PVC・防水布・合成皮等

特徵

- ●難以畫上記號。
- ●會留下針孔，因此無法使用待針。
- ●無法熨燙。
- ●滑順度不佳，不易車縫。

繪製記號的方法 ※由於有可能會殘留痕跡，建議一定要先在碎布上測試 OK 之後再使用。

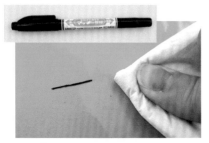

水消筆
可用水擦除線痕的消失筆。在 PVC 上作記號也很方便。

點線器

點線器
由於會隨時間消失，請在開始製作前一刻再作記號。

紙膠帶

紙膠帶
黏貼紙膠帶當作記號。

紙型的固定方法 ※先準備好含縫份紙型。

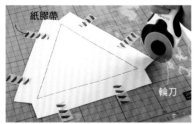

紙膠帶

輪刀

紙膠帶
以紙膠帶黏上紙型，並以輪刀切割，紙型就不容易跑掉，能裁切得很漂亮。

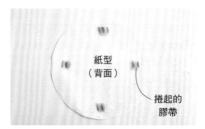

紙型（背面）

捲起的膠帶

捲起的膠帶
或在紙型背面貼幾段捲貼成圈環（膠面朝外的膠帶），黏在布面上再進行裁布也很方便。

待針

縫份

以待針固定縫份
將待針固定在縫份上。

暫時固定的方法

強力夾

痕跡

強力夾
使用強力夾暫時固定。由於可能會留下夾痕，請避免長時間夾住固定。

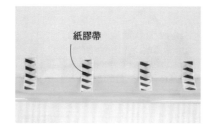

紙膠帶

紙膠帶
以紙膠帶固定。為了避免車縫到紙膠帶，務必在車縫前一刻撕除。

縫份的摺疊方法

滾輪骨筆

以手指或骨筆作出褶痕，再以滾輪骨筆加強摺疊縫份。

車縫方法 將縫紉機的壓布腳替換成鐵弗龍壓布腳或均勻送布壓布腳（參見 P.23），設法增加滑順度。

矽利康潤滑劑
有噴霧型、筆型以及筆型款。

塗抹在車針、壓布腳內側，並塗在縫紉機平台上，增加滑順度。

使用噴霧型時，可先噴在裁布剩餘的布頭上，再擦拭於想增加滑順度的位置。

監修

P.7、P.16-P.17、P.25、P.35-P.41
赤峰清香（布包作家）
@sayakaakaminestyle

P.7、P.9、P.12-P.15、P.18-P.21、P.25
加藤容子（縫紉作家）
@yokokatope

P.28-P.34、P.42
くぼでらようこ（布物作家）
@dekobokoubou

協力

株式會社 KAWAGUCHI
https://www.kwgc.co.jp/

清原株式會社
https://www.kiyohara.co.jp/store

Clover 株式會社
https://clover.co.jp/

Janome 縫紉機工業株式會社
https://www.janome.co.jp/

鎌倉 SWANY
https://www.swany.jp/

日本 vilene 株式會社
http://www.vilene.co.jp/

株式會社 FUJIX
https://www.fjx.co.jp/

Brother 販賣株式會社
https://www.brother.co.jp

STAFF 日文原書製作團隊

藝術指導	みうらしゅう子
排版	牧 陽子　和田充美
編輯	渡辺千帆里
編輯協力	根本さやか　川島純子　浅沼かおり
紙型製作	長浜恭子
校對	澤井清絵

SEE YOU NEXT EDITION!

雅書堂　搜尋
www.elegantbooks.com.tw

Cotton friend 手作誌
Autumn Edition 2021 vol.54 別冊

手作基礎講義

授權	BOUTIQUE-SHA
譯者	周欣芃
社長	詹慶和
執行編輯	陳姿伶
編輯	蔡毓玲・劉蕙寧・黃璟安
美術編輯	陳麗娜・周盈汝・韓欣恬
內頁排版	陳麗娜
出版者	雅書堂文化事業有限公司
發行者	雅書堂文化事業有限公司
郵政劃撥帳號	18225950
郵政劃撥戶名	雅書堂文化事業有限公司
地址	新北市板橋區板新路 206 號 3 樓
網址	www.elegantbooks.com.tw
電子郵件	elegant.books@msa.hinet.net
電話	(02)8952-4078
傳真	(02)8952-4084

2021 年 11 月初版一刷　定價／420 元（手作誌 54 ＋別冊）

經銷／易可數位行銷股份有限公司
地址／新北市新店區寶橋路 235 巷 6 弄 3 號 5 樓
電話／(02)8911-0825
傳真／(02)8911-0801

handmade basics